Trece maneras
de mirar el cielo

Trece maneras de mirar el cielo

José Edelstein

Plataforma
Editorial

Primera edición en esta colección: septiembre de 2025
Segunda edición: enero de 2026

© José Edelstein, 2025
© de la presente edición: Plataforma Editorial, 2025

Plataforma Editorial
c/ Muntaner, 269, entlo. 1.ª – 08021 Barcelona
Tel.: (+34) 93 494 79 99
www.plataformaeditorial.com
info@plataformaeditorial.com

Depósito legal: B 15176-2025
ISBN: 979-13-87813-21-5
THEMA: PDZ

Printed in Spain – Impreso en España

Diseño de cubierta:
Isabel González (@muchacha_pinta)

Realización de cubierta:
Grafime, S.L.

Fotocomposición:
gama, sl

El papel que se ha utilizado para imprimir este libro proviene
de explotaciones forestales controladas, donde se respetan
los valores ecológicos y sociales, y el desarrollo sostenible del bosque.

Impresión:
QP Print

Y sobre todo mirar con inocencia.

ALEJANDRA PIZARNIK

Que el cielo exista, aunque mi lugar sea el infierno.

JORGE LUIS BORGES

Un breve lapso del tiempo.
Del universo, un segundo.

PABLO MILANÉS

Y en las trece miradas estabas tú, Nancy

Índice

Prefacio

Sobre nuestras cabezas se ofrece el más democrático de los espectáculos: el cielo. Una mirada ingenua, sin embargo, encallaría rápidamente. Se quedaría con el azul del cielo diurno, poblado de nubes y del disco solar, y el negro del nocturno, habitado por la Luna, algunos planetas y, fundamentalmente, las estrellas. Quizás esa mirada concluya que lo más fascinante en el cielo sean la Luna y las nubes, las que mayores cambios tangibles presentan con el correr de las horas o los días. También podría incluir en su lista al Sol rojo del amanecer y del atardecer.

Otras miradas del cielo, acaso más fascinantes, demandarían emplear algo más que los ojos o, cuando menos, hacerlo con un exacerbado amor por el detalle: no quedarse embobado con el trazo grueso y adentrarse en los pormenores de lo que allí acontece. El planeta Mercurio, por ejemplo, transita delante del Sol con una precisa y misteriosa regularidad que puso en jaque a la más exquisita representación del cielo como sofisticado mecanismo de relojería: la gravitación universal de Newton. Fruto de esa mirada, por cierto, fue posible la comprensión y anticipación de los eclipses, el discernimiento de los encuentros y desencuentros de Júpiter y Saturno, la predicción de la existencia de Neptuno y el espejismo ilusorio de la de Vulcano.

Mirar el cielo es un imperativo de nuestra especie. No en vano la Tierra es redonda como un ojo y está rodeada por una delgada capa de un material gaseoso, la atmósfera, tanto como el ojo está recubierto por la esclerótica. La Tierra es un ojo desde el que es posible y necesario mirar el cielo. Para comprender, por ejemplo, que nuestro planeta, lejos de ser un privilegiado sitio de mera contemplación de ese espectáculo de luces y sombras, es parte de ese cielo.

El cielo puede ser visitado. Es el resultado de una mirada que decide abandonar la posición pasiva del observador y adentrarse en él. Ya hemos visto suficientes veces la Luna —pensamos unas décadas atrás—: llegó el momento de visitarla. Hay un nombre propio asociado con esta visita: Neil Armstrong. En el cielo que él contempló, el mayor espectáculo lo brindaba ciertamente un bellísimo planeta azul. Y en esa mirada, quizás por primera vez, surgió la constatación de aquello que convierte a la Tierra en un hogar confortable, del valor y la fragilidad de la biodiversidad y la urgencia de dedicar todos los esfuerzos a preservarla.

Mirando el cielo descubrimos la existencia del helio, comprendimos la escasez del litio, aprendimos a ver a las estrellas como las forjadoras de los elementos más abundantes de la tabla periódica y a agradecerles que, al morir, los espolvoreen por el cosmos permitiendo que hayan llegado a nuestro planeta los ladrillos fundamentales de la vida. Nuestra especie siempre intuyó que la pregunta «¿de dónde venimos?» debía formularse mirando al cielo. Pero no fue hasta hace pocas décadas que entendimos adecuadamente el porqué.

De las regularidades del cielo nacieron nuestras primeras nociones de lo que es el tiempo. Y de la observación atenta de un eclipse aprendimos, con enorme sorpresa, que el tiempo y el espacio se curvan como si fueran un tejido material. ¿De qué está hecha, en última instancia, esa urdimbre? ¿Existen átomos y moléculas de la lencería del cosmos? ¿Es ese tejido tan flexible como para permitirnos doblegar a la flecha del tiempo: visitar el futuro o realizar una excursión al pasado? Al mirar el cielo comprendemos que el pasado reside en la lejanía. Se yergue sin complejos frente a nuestros ojos atentos. Y así como la víspera es ese extraño lugar en el que residen los anhelos, el futuro no es más que un incierto territorio por habitar.

El cielo es también un texto. La sucesión de puntos blancos en el lienzo oscuro de la noche son los caracteres de un códice. Un texto en braille. Las notas de una partitura. Los textos más antiguos de la humanidad fueron escritos en el cielo. Los asterismos y las constelaciones que aparecen secuencialmente en el cielo nocturno a lo largo de doce meses, mientras la Tierra recorre su órbita, fueron la forma más primitiva de publicación de un texto cuya lectura pudiera repetirse año tras año. El cielo fue el primer libro.

Y si las estrellas y galaxias son el texto, ¿qué decir del lienzo negro en el que está escrito? ¿Por qué la noche es oscura?

La cuidadosa respuesta a esta pregunta, tan sencilla y ecuménica, nos llevó a concluir que, lejos de ser oscura, hay en la noche un fulgor persistente, invisible a nuestros ojos, en el que están escritos todos los secretos de infancia del universo. Allí están las trazas del Big Bang, sus pormenores, a la espera de una mirada atenta que sepa identificarlos.

La mera contemplación del firmamento nos lleva a concluir que, en sentido literal, el cielo está cayendo sobre nosotros. Pero no como lo temían muchas culturas ancestrales como los pueblos tupí-guaraníes[1] o los galos. No habría mirada alguna del cielo si no se desplomaran sobre nosotros ingentes cantidades de fotones. Con el tiempo entendimos que no es solo luz lo que cae sobre nuestras cabezas. También ondas gravitacionales y una lluvia tenue e imperceptible de lo que llamamos rayos cósmicos. Comprenderlo nos brindó la posibilidad única de ensanchar el abanico de nuestra mirada y, por así decirlo, ajustar el foco. Hacerla más incisiva.

El mayor desafío de la mirada es el de lograr la sutil maravilla de ver lo ausente. Lo que debería estar pero falta. Para alcanzar este prodigio es necesario construir una imagen mental, abstracta, respaldada en una red sólida de inferencias y premisas contrastadas. Esta mirada es exclusiva de la ciencia. La construcción de una arquitectura extraordinariamente sofisticada de leyes y preguntas, de hipótesis y conje-

1. Claude Lévi-Strauss, *Lo crudo y lo cocido*, Fondo de Cultura Económica, 1969.

turas, de indicios y comprobaciones, permite cuando menos dos milagros que, hasta donde sabemos, solo nuestra especie ha sido capaz de realizar: crear universos en nuestra mente —difícil no recordar a Stephen Hawking al escribir estas palabras— y, como consecuencia de ello, ser capaces de ver lo faltante. Como la antimateria, cuya ausencia en los cielos nos desconcierta.

En la mirada del cielo confluyen el pasado y el presente. Si el cielo es el pasado, la mirada es el presente. En el cielo vive la materia. En la mirada habita el lenguaje. ¿De cuántos modos podrían encontrarse? ¿Cuántas maneras hay, en definitiva, de mirar el cielo? Las trece que pueblan las páginas de este libro ofrecen apenas una cota inferior, un mínimo, y la pertinaz sospecha de que no hay una respuesta cierta a este interrogante. O de que son infinitas las posibles miradas.

1.
La piedra que hizo caer un imperio

No hubo en Troya nadie más decisivo que Aquiles. Impetuoso, en apariencia invencible, su presencia en el campo de batalla era garantía de victoria. La remota vulnerabilidad de su talón pasó desapercibida para todos, hasta que en él clavó su flecha el atrevido Paris. Desde esos tiempos de leyenda, la idea del poderoso devenido tigre de papel, del gigante que se desploma por la gracia de una modesta piedra, puebla las novelas, los sueños de justicia y los libros de historia. También los de ciencia.

El Imperio británico

Isaac Newton impuso un orden marcial en los cielos. Los planetas, esos astros errantes a los que los antiguos elevaron a la categoría de dioses —bajo la premisa de que todo lo que se mueve tiene voluntad—, fueron degradados a la esclavitud de seguir mansamente sus órbitas. El abrumador imperio de las leyes de Newton permitía predecir los eclipses con una precisión asombrosa, así como la posición de los planetas en cualquier instante. Se cumplían las órdenes del emperador de Cambridge a pies juntillas, incluso en los rincones más remotos del Sistema Solar.

La primera revuelta contra estas leyes ocurrió en 1781 y tuvo como testigo privilegiado al músico alemán Friedrich Wilhelm Herschel. Oboísta como su padre y uno de sus nueve hermanos, Herschel emigró a Inglaterra en 1757 con apenas dieciocho años. Fue labrándose una respetable carrera como instrumentista —además del oboe, llegó a ser primer violín en varias orquestas y a destacarse también en el clavecín y el órgano— y compositor, y dejó escritas decenas de sinfonías y conciertos. La música, sin embargo, no acababa de reportarle la acomodada situación a la que aspiraba. Comenzó a leer textos de lo que en aquel entonces se llamaba filosofía natural, incluyendo la obra de Newton, al tiempo que su inclinación por la armonía lo llevó a interesarse, como antes a Johannes Kepler, por la música de las esferas: la astronomía.

Es fácil adivinar que un instrumentista tan versátil como Herschel, alguien que exploró el abanico completo de sonoridades cromáticas en cuerdas y vientos, no se conformaría con una lectura pasiva de los escritos académicos y pasaría a la acción. Tras leer varios tratados de óptica y trigonometría, aprendió con un artesano todo sobre la construcción de espejos y las técnicas de esmerilado y pulido, necesarias para volcarse a construir su propio telescopio. Herschel seguía muy involucrado con su carrera de músico y es probable que sus veleidades astronómicas acabaran convirtiéndose en una afición sofisticada, de no ser porque el lunes 24 de agosto de 1772 ocurrió un hecho providencial: la llegada a Inglaterra de su hermana Caroline.

Caroline Lucretia Herschel tenía siete años cuando su hermano se marchó a tierras inglesas. A pesar de ser una niña, ya llevaba varios meses ocupándose de las labores domésticas en la casa familiar tras el matrimonio de su hermana Sophia. Contrajo el tifus a los diez años y tuvo un sinfín de problemas de salud que la convirtieron en una mujer frágil y de muy baja estatura. Su madre dictaminó que en esas condiciones no podría casarse y que, como mucho, podría aspirar a servir como interna en alguna casa de familia. Por suerte para ella, su padre aprovechaba cualquier momento suelto en el que se encontraran en casa, sin la madre, para ayudarla a aprender a leer, escribir y tocar el violín. La muerte de Isaak Herschel se tradujo en una penosa condena para Caroline a la reclusión forzada en el hogar familiar, junto a su severa madre. Y así fue hasta que salieron en su auxilio William y su hermano Alexander. Le propusieron que se uniera a ellos en Bath para probar suerte como cantante soprano en la iglesia en la que William tocaba el órgano. Caroline dejó Hannover el 16 de agosto y se unió a sus hermanos una semana más tarde.

Su providencial llegada a Inglaterra fue el acontecimiento que permitió a William Herschel convertirse en lo que podríamos llamar un astrónomo profesional. En los primeros tiempos fue su asistente, algo imprescindible en un oficio que requería interminables horas de observación minuciosa del cielo nocturno, pero, con el paso de las semanas, creció el interés que la propia Caroline descubrió en la astronomía. Acabó por transformarse en una experta y excepcional colaboradora científica de su hermano, casi siempre a su sombra, excepto cuando sus intereses se diversificaron. William estaba enfrascado en confeccionar un exhaustivo catálogo de estrellas y estrellas dobles, e inicialmente le encomendó a su hermana que rastrillara la bóveda celeste, meticulosamente, en su incierta búsqueda de alguna otra cosa que pudiera ser de interés. Al principio Caroline asumió la encomienda a disgusto, pero todo cambió cuando empezó a observar cometas, varios de ellos por primera vez.

Así las cosas, el 13 de marzo de 1781 un objeto tenue en la constelación de Géminis se hizo presente en el telescopio de los hermanos Herschel, cuya reputación como astrónomos ya era notable. Lo contemplaron moverse lentamente en el inmóvil fondo estrellado. Pensaron que se trataba de un cometa, pero, a juzgar por su comportamiento, debía de ser uno especialmente díscolo, irrespetuoso con las leyes de Newton. Tras varias noches de observación, apoyándose en los cálculos que William pudo hacer de su trayectoria, concluyeron que lo que estaban observando era un planeta nuevo y distante. Desde la más remota antigüedad se conocían cinco planetas: Mercurio, Venus, Marte, Júpiter y Saturno. El trabajo de Nicolás Copérnico abrió la posibilidad de que la Tierra no fuera más que otro planeta, hipótesis que pudo constatarse con gran precisión bajo el imperio de las leyes de Newton.

El planeta hallado por los Herschel fue el primero en tener descubridores con nombre y apellido. Se trató de un hito de extraordinaria importancia en la historia de la contemplación del cielo, y William se arrogó el derecho a bautizarlo. En agradecimiento por la acogida que le había dispensado Inglaterra, propuso llamarlo *Georgium sidus* —'estrella de Jorge', en latín—, sin duda, un homenaje al rey Jorge III. De este modo inopinado, en noviembre de ese mismo año, el músico William Herschel se convirtió definitivamente en astrónomo cuando fue nombrado *Fellow* de la Royal Society y recibió la Medalla Copley, el reconocimiento científico más antiguo y prestigioso del mundo. A pesar de ello, la comunidad astronómica internacional se opuso frontalmente a darle a un planeta del Sistema Solar el nombre de un monarca británico. Se propuso mantener la costumbre de utilizar el de un dios mitológico, como se había hecho con todos los otros. El dios griego Urano, padre de Cronos y abuelo de Zeus, parecía una elección óptima teniendo en cuenta que el nuevo planeta estaba más allá de las órbitas de Júpiter y Saturno, respectivamente Zeus y Cronos en la mitología griega.

El nuevo planeta fue bien recibido en la familia del Sistema Solar, y se le prodigaron todas las atenciones. Pocos astrónomos podían resistir la tentación de observarlo cada vez que la ocasión lo permitía. Pero en la mirada científica del cielo, el espacio destinado a la ternura es más bien acotado. Más temprano que tarde, esta se convierte en una inspección severa y rigurosa que escruta lo observado hasta el detalle más nimio. Los Herschel, sin ir más lejos, descubrieron unos años más tarde que Urano tenía dos lunas, Titania y Oberón —hoy sabemos que también lo orbitan Ariel, Umbriel, Miranda y más de veinte satélites menores—, que giraban a su alrededor respetando escrupulosamente el dictado de las leyes de Newton. El orden había sido restablecido en el Imperio británico celestial, pero no por mucho tiempo.

El planeta en un junco

Poder juzgar el comportamiento de Urano en su movimiento orbital requirió de mucha paciencia. Los poco más de ochenta y cuatro años que emplea en girar alrededor del Sol, casi el triple que Saturno, hicieron del estudio pormenorizado de su órbita una labor más colectiva que nunca antes. Sobre todo cuando los rumores en los círculos académicos que hablaban de ciertas travesuras de Urano comenzaron a extenderse. Tal vez con afán de revancha, el planeta que quiso ser bautizado como si se tratara del hijo pródigo de Jorge III, el último vástago del Sol, parecía tomarse algunas licencias a la hora de interpretar la trayectoria impuesta con mano de hierro por las leyes de Newton.

Las sospechas empezaron a ceñirse sobre Urano cuarenta años después de su descubrimiento, cuando el astrónomo francés Alexis Bouvard publicó tablas astronómicas que indicaban las posiciones futuras que las ecuaciones de Newton prescribían. Los cálculos no son para nada sencillos. Podemos tener en cuenta la atracción gravitatoria que el Sol ejerce sobre Urano sin mayores dificultades. Pero este está tan lejos de su estrella que la influencia de planetas grandes como Júpiter y Saturno, mucho más cercanos durante una buena parte de la órbita, debe tenerse en cuenta. Y si bien la atracción producida por cada uno de ellos, individualmente, es sencilla, la suma de todos los tirones gravitacionales ejercidos sobre Urano es geométrica y computacionalmente compleja. Los meritorios cálculos de Bouvard, hechos contra viento y marea, permitieron constatar fuera de toda duda irregularidades en su órbita. ¿Qué podía estar pasando?

La aplicación combinada de las leyes de movimiento y de gravitación universal de Isaac Newton parecían funcionar con un nivel exquisito de precisión para los otros seis planetas... ¡que están más cerca del Sol! Quizá lo que estaba ocurriendo era que la fuerza gravitatoria se veía alterada a distancias demasiado grandes, y por eso nadie se había dado cuenta hasta entonces. Nunca se había estudiado la órbita de un cuerpo tan lejano. Esta hipótesis, de ser cierta, dejaría más o menos a salvo el corpus legal del emperador de Cambridge y solo supondría la necesidad de una enmienda. Vano consuelo. Las leyes de la naturaleza no son como las humanas, las cuales admiten un *collage* de enmiendas y notas al pie o, incluso, pueden ser transgredidas. Las primeras son de obligado cumplimiento, sin excepciones. No hay lugar para el trato de privilegio: Urano debía someterse a las leyes de Newton o, sin atenuantes, estas eran incorrectas. A pesar de que esta última posibilidad era perfectamente factible, el éxito arrollador de estas leyes a la hora de predecir eclipses, la caída de una manzana o la posición de otros planetas en el cielo nocturno —también de los cometas que estudiaba Caroline—, hizo que muchos investigadores se inclinaran por explorar alguna solución al problema de las irregularidades orbitales de Urano que mantuviera en vigor el entramado legal de Newton. Quizá la respuesta fuera tan simple como la existencia de errores sistemáticos en las observaciones del planeta. Muchos astrónomos alzaron sus telescopios al cielo buscando encontrar alguna pista. Entre ellos, un joven absolutamente notable que dominaba por igual la astronomía, la matemática, la química, la botánica y la naciente fotografía —de hecho, fue él quien le puso ese nombre, además de inventar la cianotipia—, John Frederick Herschel, único vástago de William.

De tan distinguido linaje por parte de padre y de tíos —además de Caroline, su tío Alexander fue un consumado artesano mecánico que había desempeñado un papel crucial en la construcción de los diversos telescopios de los Herschel—, no es del todo sorprendente que el joven John se interesara por la astronomía. De hecho, fue su tía quien le ayudó a convertir el cielo nocturno en su patio de infancia, y le enseñó a identificar las distintas constelaciones y a hacer de estas algo tan familiar para él como los motivos geométricos de una pared de azulejos. La noche del miércoles 14 de julio de 1830, John observó en su telescopio una estrella que no constaba en los catálogos de la época. La incluyó en su bitácora para volver sobre ella otro día, pero acabó cayendo en el olvido. Lo lamentaría años más tarde. Y mucho.

La historia de la ciencia está plagada de hechos providenciales. William había fallecido en 1822 y Caroline, tan apegada a su hermano que no pudo soportar su muerte, regresó a Hannover. Intentó continuar sus estudios y observaciones astronómicas para complementar y apoyar el trabajo de su sobrino, pero fue víctima de una forma prematura de un gran mal de nuestros días: la contaminación visual. La arquitectura de la ciudad le dificultaba la contemplación del cielo. En 1828, cuando ya llevaba unos años sin realizar observaciones, recibió noticias desde Inglaterra: la Real Sociedad Astronómica le concedía la Medalla de Oro por su trabajo. La primera mujer en la historia en recibir semejante galardón. La segunda, Vera Rubin, por cierto, tuvo que esperar más de un siglo y medio. Pero lo importante en esta historia es que la tía Caroline no estaba junto a su sobrino en julio de 1830. De haber estado con él, como veremos, habría truncado una de las crónicas más memorables de la historia de la ciencia. Eso sí, lo habría hecho para coronar de la más absoluta gloria a la familia astronómica por antonomasia: los Herschel.

Lo cierto es que todas las miradas estaban puestas en el díscolo Urano, y se confirmó enseguida lo más temido: su recorrido alrededor del Sol no seguía los dictados de Newton a rajatabla. Una mezcla de inquietud y excitación embargaba a la comunidad astronómica, caldo de cultivo más que propicio para que una hipótesis desesperada apareciera a la vez en ambas márgenes del canal de la Mancha. John Couch Adams y Urbain Le Verrier concibieron a la par una idea sencilla y genial: ¿no habría un octavo pasajero en el Sistema Solar?

Estaba claro para los dos que la observación de cuerpos que no emiten luz propia crece en dificultad a medida que uno se aleja del Sol, por lo que era perfectamente concebible que un nuevo planeta hubiera pasado desapercibido para todos los astrónomos de la historia. Hasta aquí, la idea es sencilla. Pero lo que ambos hicieron, sin saber el uno del otro, fue embarcarse en un cálculo plagado de grandes dificultades. Conjeturada la existencia de un nuevo planeta, ¿podríamos conocer su masa y posición usando como dato las anomalías de la órbita de Urano? Adams y Le Verrier se propusieron algo nunca visto en la historia de la ciencia: encontrar un astro, pero no escudriñando la esfera celeste con un telescopio, sino trazando signos matemáticos en un trozo de papel. Y lo que es peor, lo consiguieron.

Si bien parece haber sido Adams, el 18 de septiembre de 1845, el primero en comprobar que un octavo planeta restituiría, en efecto, el imperio de las leyes de Newton, su nombre quedó en los márgenes de la historia de la ciencia y se suele atribuir el hallazgo a Le Verrier, quien presentó sus resultados a la Academia de Ciencias de París el 1 de junio del año siguiente. Hoy resulta sorprendente saber que el inglés no llegó a convencer a James Challis, el director del

Observatorio de Cambridge —¿qué mejor lugar podría concebirse para reivindicar la teoría de la gravitación universal de sir Isaac Newton?—, de que sus cálculos tuvieran alguna posibilidad de ser correctos y valiera la pena emplear sus telescopios, desatendiendo otras observaciones de interés. Adams intentó contactar con el astrónomo real, George Airy, en el Observatorio de Greenwich, y le dejó un manuscrito con su solución del problema. Recibió por respuesta una carta en la que Airy —célebre matemático y eximio astrónomo, especializado en el cálculo de órbitas planetarias— le pedía detalles y aclaraciones. John Couch Adams nunca respondió.

Quizá Le Verrier haya sido más convincente o puede que se beneficiara de los usos y costumbres franceses: en lugar de comunicar el resultado a una persona o dos como había hecho Adams y depender de su reacción, lo hizo al pleno de la Academia de Ciencias de París. Lo cierto es que hubo un detalle de su presentación que cautivó a los académicos: Urbain Le Verrier ofreció el valor preciso de las coordenadas del presunto nuevo planeta. Lo único que se necesitaba para constatar la predicción era un buen telescopio y un poco de paciencia. Si John Herschell hubiera sido francés, ni siquiera habría sido necesaria la espera. Un rápido repaso a su bitácora le habría hecho caer en la cuenta de que la supuesta estrella observada dieciséis años antes era justamente el planeta buscado. De haber sido así, o si Herschel hubiera vuelto a observar ese inesperado punto azulado que apareció en su telescopio, nos encontraríamos ante un acontecimiento que roza lo inverosímil: ¡Neptuno habría sido descubierto por el hijo del descubridor de Urano!

Pero John Herschel era inglés y sabemos fehacientemente que el dichoso punto azulado se había perdido en la bruma de su memoria. La noticia del hallazgo de Le Verrier llegó a oídos de Airy, quien cayó en la cuenta del error cometido con Adams y convocó urgentemente a Herschel y a Challis. Estaban a tiempo de ser ellos los descubridores y disponían de un magnífico telescopio ecuatorial de más de once pulgadas en el Observatorio de Cambridge. De este modo, se pusieron manos a la obra de inmediato, tanto que las observaciones comenzaron el 29 de julio, pero confiaron en los cálculos de Adams, los cuales no coincidían del todo con los de Le Verrier. Ante la falta de resultados, Adams los repitió, y aportó nuevas coordenadas celestes. Nada. Ni hubo indicios del octavo planeta ni a John Herschel se le ocurrió revisar sus antiguas observaciones para constatar con estupor que él ya lo había descubierto.

Aunque hoy nos resulte increíble, tampoco los astrónomos franceses se entusiasmaron lo suficiente con la propuesta de Le Verrier. Ya se sabe: nadie es profeta en su tierra. En eso estaría de acuerdo su rival inglés. El lunes 31 de agosto, Urbain Le Verrier culminó el cálculo de la masa y órbita del hipotético planeta y envió sus resultados por correo a Johann Gottfried Galle, del Observatorio de Berlín. La carta llegó el miércoles 23 de septiembre y, esa misma noche, menos de una hora después del inicio de la búsqueda, a apenas un grado de separación de la posición predicha por Le Verrier, apareció Neptuno. Dos noches más de observación fueron suficientes para confirmar el hallazgo.

Cuando este se hizo público, Herschel pudo constatar que se trataba del mismo punto azul que él ya había observado, y Challis confirmó que lo habían visto en dos noches diferentes de agosto, pero lo habían confundido con una estrella. Si John Herschel hubiera tenido a su tía Caroline al lado, como la tuvo su padre, muy probablemente ella —no solo por ser meticulosa, sino, sobre todo, por su fascinación por los cuerpos celestes en movimiento— habría seguido observando esa estrella no catalogada hasta descubrir que se trataba de un planeta.

Puestas en jaque por una anomalía en la órbita de Urano, las leyes de Newton renacieron de sus cenizas y la convicción en ellas se vio extraordinariamente reforzada. Cuando parecían estar contra las cuerdas, su uso permitió una de las mayores hazañas de la historia de nuestra especie: la predicción de la necesaria existencia de un planeta mediante la alquimia de trazos de tinta sobre una hoja de papel. La posibilidad de explorar el universo sin levantar la vista del folio y descubrir un planeta en un junco.

La piedra que hizo caer un imperio

El orden de los cielos fue restaurado por Urbain Le Verrier. El majestuoso prestigio de Newton salió fortalecido, aunque no por mucho tiempo. Fue el propio francés quien identificó el talón del hasta entonces invicto Aquiles de la ciencia. Y no podía ser otro que el más pequeño y movedizo de los planetas del Sistema Solar. Mercurio, el diminuto saltarín, vecino del Sol, dios mensajero por su incesante trajín en el cielo, casi veinte veces más pequeño que la Tierra, fue la insignificante piedra que derribó al gigante.

La órbita de Mercurio es la más elíptica del Sistema Solar. Casi ochenta y ocho días le lleva recorrer sus 360 millones de kilómetros, y, tras ello, no regresa al punto de partida. A medida que da vueltas, la elipse que describe va rotando lentamente, como la aguja de un reloj cansado que da un giro completo cada tres millones de años. Como si hubiera sido trazada usando un espirógrafo capaz de darle a la elipse de Kepler el hipnótico matiz del *folium* de Durero.

Cuando Mercurio pasa delante del Sol, su modesta envergadura no es suficiente para producir un eclipse. Desde nuestro planeta vemos transitar un discreto lunar sobre el brillante disco. Como su órbita está inclinada en relación con la de la Tierra y los tránsitos demandan que ambos estén alineados con el Sol, estos solo pueden producirse en dos momentos separados por seis meses que corresponden, aproximadamente, a los días 8 de mayo y 10 de noviembre, pero no de cualquier año. Al recorrer sus órbitas a velocidades distintas, su alineamiento ocurre siguiendo un patrón extraño: cada tres, diez, tres, trece, siete y diez años. En cuanto al mes, la sucesión es mayo, noviembre, mayo, noviembre, noviembre y noviembre. Fue el propio Kepler quien hizo los cálculos y la predicción en 1630.

El astrónomo francés Pierre Gassendi fue el primer hombre en contemplar este espectáculo, el 7 de noviembre del año siguiente, aunque no pudo hacerlo desde el inicio: la sombra de Mercurio empezó a transitar el Sol antes del amanecer. En algún momento de las cinco horas y veintidós minutos que le llevó atravesar ese inmenso foco de luz circular, la imagen se hizo visible con el alba en el telescopio de Gassendi para luego volver a sumergirse en el océano de oscuridad, sombra sobre sombra, durante otros trece años. William Herschel observó el tránsito de Mercurio del martes 9 de noviembre de 1802. El último, hasta la fecha, tuvo lugar el 11 de noviembre de 2019. Duró siete minutos más que el de 1631 y no fue buena idea perdérselo: el siguiente ocurrirá el sábado 13 de noviembre de 2032, a primera hora de la mañana en España.

Lo cierto es que, tras el descubrimiento de Neptuno, Le Verrier puso el foco en el benjamín del Sistema Solar. Si había valido la pena merodear los arrabales de nuestro vecindario, ¿por qué no echarle un vistazo al centro? En su afán por certificar que el sistema newtoniano funcionaba como un mecanismo perfecto de relojería, estudió veintiún tránsitos ocurridos entre 1697 y 1848. Hace poco más de un siglo y medio comunicó a la Academia de Ciencias de París sus conclusiones: la elipse descrita por Mercurio se adelantaba unos veintiún kilómetros más de los que podían explicarse por el tirón gravitacional del resto de los planetas. Pero si había podido disciplinar al rebelde Urano, Le Verrier consideró que no le sería difícil hacer lo propio con el pequeño

Mercurio. Inmediatamente pensó en la posibilidad de un planeta nuevo, por supuesto, y llegó a dos conclusiones: su órbita debía estar en el mismo plano que la de Mercurio (de no ser así, la periodicidad de sus tránsitos cambiaría de un modo diferente) y más cerca del Sol que este (para no afectar la órbita de Venus).

El nombre de este hipotético planeta —o acaso pareja de planetas, como llegó a conjeturar Le Verrier— habría de ser Vulcano, nieto de Saturno y dios de los herreros, cuyo oficio ha de ejercerse en las proximidades del fuego. Podemos ver en un cuadro de Francisco de Goya precisamente a Saturno/Cronos comiéndose a sus hijos. Tenía una razón para hacerlo. Él mismo había traicionado a su padre castrándolo con una hoz, y el oráculo decía que correría una suerte parecida. El sexto era Júpiter/Zeus, y su madre, harta de parir para alimentar a su marido, decidió salvarlo: envolvió una piedra en un pañal y se lo dio al padre, quien lo engulló sin notarlo. Zeus creció en la clandestinidad y, ya adulto, terminó cumpliendo la funesta profecía y derrocando a su padre. Tuvo un hijo con Hera al que llamó Hefaístos (Vulcano, para los romanos). Receloso de este, muy apegado a su madre, Zeus acabó por desterrarlo del Olimpo con violencia, y lo condenó a una vida eterna y miserable entre los humanos, lejos del empíreo.

Le Verrier no estaba del todo convencido de la existencia de Vulcano. Pensaba que, dada su cercanía al Sol, debía haberse visto ya como un punto muy brillante cerca de la corona durante algún eclipse total. No podía haber pasado desapercibido durante tantos siglos de observación. Pero un astrónomo aficionado, el médico Edmond Lescarbault, afirmó haber visto su tránsito, convenció a Le Verrier y, a través de él, a la comunidad científica francesa. El 2 de enero de 1860 se anunció oficialmente el descubrimiento de Vulcano, lo que catapultó el prestigio de Le Verrier a cotas inalcanzables para cualquier otro ser humano. ¡Dos planetas descubiertos bosquejando garabatos y una pizca de álgebra en un folio de papel!

Las siguientes décadas estuvieron plagadas de observaciones fallidas, equívocas o polémicas del escurridizo Vulcano. Como si se tratara de la venganza de un resentido John Herschel, ningún avistamiento resistió el escrutinio de su flamante invención: la fotografía. Vulcano parecía preferir, como tantos otros dioses, las apariciones furtivas y sin testigos. Su rol de centinela de las leyes de Newton en las inmediaciones del Sol fue efímero y negligente. La reiterada ausencia en imágenes de cámaras y telescopios solo podía significar su lisa y llana inexistencia.

Los cimientos de la inexpugnable ciudadela imperial fundada por sir Isaac Newton dos siglos antes acabaron de resquebrajarse cuando Albert Einstein mostró en Berlín, el jueves 18 de noviembre de 1915, que su teoría de la relatividad general podía explicar la anomalía de la órbita de Mercurio sin necesidad de otros planetas, como fruto exclusivo de la gravedad del Sol. Vulcano perdió su naturaleza corpórea ese mismo día: pasó de ser un planeta rocoso a ser la mera curvatura del espacio-tiempo. Fue expulsado nuevamente de los cielos por «una piedra»[2] y, tal como cayeran abatidos el invencible Goliat y tantos otros gigantes, con el mayor de los estrépitos, del mismo modo dio con sus huesos por los suelos la majestad newtoniana.

2. *Ein Stein*, en alemán. Fue Isaac Asimov quien observó con notable agudeza que Zeus también fue, en cierto sentido, una piedra. De ahí la doble expulsión.

2.
La oscuridad de la noche
y el origen del universo

Pronunció la palabra en soledad. Nadie podía oírlo. La agitación que, dicen, acompaña a una epifanía embotó sus sentidos por completo. No hay otra explicación para lo que hizo a continuación: salió empapado del baño, apenas cubriéndose con una toalla, y corrió por las calles de Siracusa gritando a los cuatro vientos su extraordinario hallazgo. Arquímedes no podía imaginar que ese grito, *eureka*, se convertiría en una interjección que atravesaría la geografía y la historia con la constancia de lo universal y eterno. Alcanzar el utópico instante que justificara este antiguo alarido pasó a ser la gran quimera de toda clase de exploradores: científicos, artistas y aventureros. Quizá se haya convertido también en la contraseña que franquea el paso a través de los vasos comunicantes que irrigan ese abigarrado bosque de creatividad, imaginación y belleza al que llamamos cultura.

No es una sorpresa que Edgar Allan Poe eligiera esta palabra para titular el libro en el que habría de sintetizar los hallazgos de su vida: *Eureka, un poema en prosa*, una obra oscura e inclasificable que en los Estados Unidos no pasó de los quinientos ejemplares en su primera edición, pero en Europa encontró una mayor resonancia fruto de su traducción a manos de un gigante como Charles Baudelaire. Sus páginas, tan caóticas como cautivantes, presentan una suerte de cosmogonía personal. «Cuando Poe se centra en sus propias construcciones, pierde todo el sentido crítico [...] y su presentación muestra una sorprendente similitud con las cartas delirantes que recibo cada día», escribió Einstein. Sin embargo, como él mismo reconoció, en aquellas partes en las que Poe arroja su mirada sobre conocimientos científicos de la época, el libro resulta ingenioso y extraordinariamente revelador. El mejor ejemplo de ello lo brindan las páginas dedicadas al misterio de la oscuridad de la noche.

¿Por qué la noche es oscura?

Cuando contemplamos el cielo nocturno, se nos presenta un gran telón negro de fondo, un manchón lácteo alargado que, hoy sabemos, no es otra cosa que el plano de la galaxia en la que vivimos, y un salpicado de puntos brillantes, las estrellas, objeto de fascinación para todas las culturas que nos precedieron. A fin de cartografiarlo, de poner algún orden en ese vasto territorio que se extiende sobre nuestras cabezas, desde hace más de cuatro mil años se establecieron las constelaciones, agrupaciones de estrellas que sugieren la forma de algún animal o ser mitológico y que permiten trocear la bóveda celeste, emparcharla. Cubrimos la naturaleza con ese fino tul de líneas y símbolos que dividen y organizan.

Babilonios, sumerios, egipcios, griegos y mayas, entre muchos otros pueblos, constataron a lo largo de los siglos que las cerca de dos mil estrellas que podían ver con el ojo desnudo permanecían inmóviles. Algunos puntos luminosos, en cambio, se movían y recibieron el nombre de planetas, estrellas errantes, y, como nada se mueve sin voluntad, concluyeron que debían tenerla; por ello les atribuyeron carácter divino. La convicción de estar viviendo en un universo estático, a excepción de un puñado de astros, constituyó una ilusión persistente durante siglos.

La irrupción en escena de Galileo Galilei y su telescopio permitió descubrir, entre otras cosas, que el número de estrellas era bastante mayor. Y el establecimiento de la Ley de la Gravitación Universal y de las leyes del movimiento por parte de Isaac Newton impusieron un orden aparentemente definitivo en el oscuro lienzo nocturno. El movimiento de los planetas y la regularidad de los eclipses, estudiados en detalle por Tycho Brahe y Johannes Kepler, fueron finalmente domesticados por el gran genio de Cambridge.

Ironías del destino, cuando el movimiento dejó de ser un misterio, pasó a serlo la quietud: ¿por qué no se movían las estrellas?

La gravitación universal estipula que todas las masas se atraen. ¿Cómo es posible, con esa premisa, que el cosmos esté quieto? Todas las estrellas deberían estar en caída libre, atraídas entre sí, tendiendo a acabar apiñadas en el centro del universo. Richard Bentley fue quien identificó este problema y, junto a Newton, concluyeron que había una sola solución posible: que no hubiera centro. Dicho de otro modo, que el universo fuera infinito y cada una de las estrellas permaneciera en equilibrio, en su sitio, jalonada gravitacionalmente por igual desde todos lados. Un universo estático debía ser infinito.

Es difícil concebir un proceso que haya tenido como colofón algo tan estrafalario como un espacio ilimitado con infinitas estrellas en tan delicado equilibrio. Como si se tratara de un colosal castillo de naipes, el movimiento de una estrella sería suficiente para desestabilizar todo el andamiaje. ¿Qué nivel de destreza esperaríamos de alguien capaz de erigir un castillo con infinitos naipes? No alcanzaría con rozar la perfección, tendría que ser ella misma. La disyuntiva estaba clara: o bien el universo, por algún motivo desconocido, había sido siempre así o estábamos en presencia de la obra del prestidigitador perfecto. En otras palabras, debíamos rendirnos a la evidencia de que el universo era eterno o bien asumir la certeza de un creador omnipresente que no desatendió ni el más insignificante rincón de su obra infinita a la hora de alcanzar el sutil equilibrio cósmico. Entre los que se inclinaban por la segunda opción estaba Immanuel Kant, quien veía absurdo que un ser todopoderoso se inhibiera hasta el punto de crear un vulgar universo finito. La infinitud era la prueba definitiva de un Dios altivo, deseoso de decantarse por la alternativa más intrincada. Nosotros tomaremos la otra senda, huérfana de titiriteros arrogantes o ilusionistas omniscientes, y concluiremos, al menos de manera provisoria, que un universo infinito y estático es inexorablemente eterno.

Edmond Halley fue el primero en observar que la quietud estelar era solo una apariencia. Comparando la posición de Sirio, el punto luminoso más brillante del firmamento, con la indicada en el Almagesto de Ptolomeo, constató un desplazamiento equivalente al tamaño de la Luna. A pesar de ello se siguió hablando de estrellas fijas, dando por supuesto que su velocidad era muy pequeña, como si el equilibrio universal imaginado por Bentley y Newton fuera aproximado pero no riguroso. Halley apuntó con excepcional ingenio, en 1720, que «si el número de estrellas fijas fuera infinito, la totalidad de la esfera celeste debería ser luminosa». La razón es simple: en cualquier dirección en la que miremos habrá, más tarde o más temprano, una estrella. Así, cada píxel del cielo nocturno debería contener el brillo de al menos una estrella. Con una intensidad menor cuanto más lejana, es cierto, pero todos los puntos habrían de ser luminosos. Píxeles resplandecientes, albinos en un níveo mar de otros como ellos. La noche se presentaría, por lo tanto, pálida sobre nuestras cabezas, sin asterismos ni constelaciones, como un folio inmaculado.

En una noche cualquiera, con el sencillo gesto de levantar la vista al cielo, podemos constatar que esto no ocurre. El 7 de mayo de 1823 el astrónomo alemán Wilhelm Olbers envió a publicar el artículo «Sobre la transparencia del espacio exterior», en el que, consciente o no de ello, rescató del olvido el enunciado de Halley. A partir de entonces se conoce como paradoja de Olbers el sencillo y sorprendente interrogante: ¿por qué la noche es oscura?

¡Eureka!

En su inclasificable prosa poética, Edgar Allan Poe presentó en 1848 esta paradoja con singular elegancia: «Si la sucesión de estrellas fuera ilimitada, el fondo del cielo presentaría una luminosidad uniforme como la que muestra nuestra galaxia, ya que no podría haber absolutamente ningún punto hacia el que pudiéramos mirar en el que no existiera una estrella». Pero lo más sorprendente es lo que escribió a continuación: «La única manera, por lo tanto, en la cual podríamos comprender los espacios vacíos que nuestros telescopios encuentran en innumerables direcciones sería suponer que la distancia a ese fondo invisible de estrellas es tan inmensa que ningún rayo proveniente de allí nos ha alcanzado aún». En el «aún» está la clave, el hallazgo que justifica por sí solo el título de su libro: Poe nos sugiere que las estrellas no brillaron siempre, que el universo nació en algún momento del pasado. La eternidad no es lugar para el aún. Quizá la noche es oscura porque el universo no es lo suficientemente viejo.

En su singular ensayo, Poe anuncia desde el prefacio que solo hablará de verdades en la medida en que estas entrañen belleza. Así, se plantea el origen de la materia en el universo de un modo sorprendente: «La unidad es todo lo que predico sobre la materia originalmente creada [...], la materia en su extremo de simplicidad, una partícula absolutamente única, individual e indivisa». Tras algunas raras disquisiciones que cabe etiquetar como mínimo de exóticas, Poe retoma el hilo: «La razón de ser de esta partícula primordial [...] es la constitución del universo. [...] La suposición de unidad absoluta de la partícula primordial incluye la de la divisibilidad infinita. [...] De esta partícula, en el centro, supongamos que son irradiadas esféricamente en todas las direcciones [...] cierto número inexpresablemente grande de diminutos átomos».

Ninguna de las explicaciones que brinda Edgar Allan Poe es estrictamente correcta. Sin embargo, asombra hasta el sobrecogimiento el hecho de que su intuición poética —nunca mejor utilizado este adjetivo— le haya permitido bosquejar ideas extraordinariamente sugerentes, muy parecidas[3] a las proposiciones cosmológicas modernas. Quizá, de alguna soterrada manera, verdad y belleza estén emparentadas. Acaso sean dos caras de la misma moneda. En cualquier caso, ni la paradoja de Olbers ni la solución propuesta por Poe tuvieron eco en la comunidad científica hasta casi un siglo más tarde. Anticipado en el extraviado texto de un

---

3. Véase, por ejemplo, este extracto del trabajo escrito por Georges Lemaître en 1927 y considerado el primero en proponer la idea de un Big Bang: «Podríamos concebir el comienzo del universo en la forma de un único átomo [...]. Este átomo, muy inestable, se dividiría en átomos más y más pequeños por una suerte de proceso superradiactivo».

poeta, nadie más tuvo la disparatada audacia o la refinada clarividencia de preguntarse por el origen del universo hasta finales de la década de 1920.

El nacimiento de los sitios y los instantes

Si el universo tuvo un origen, parece natural preguntarse dónde ocurrió. Este interrogante, sin embargo, presupone la existencia de un escenario previo en el que el universo nació y se desplegó de algún modo. El 25 de noviembre de 1915, en uno de los momentos estelares de la historia de la humanidad, Albert Einstein presentó la teoría de la relatividad general en la Academia Prusiana de Ciencias. Según esta, el escenario en el que acontecen todos los eventos es un tejido llamado espacio-tiempo, de naturaleza física, que puede curvarse por la presencia de objetos masivos como las estrellas y cuya curvatura ofrece una red de surcos invisibles por los que discurren las órbitas. El universo, así, no se desplegaría sobre el espacio-tiempo, sino que sería él mismo espacio-tiempo. Entonces su nacimiento no tendría lugar en un sitio e instante: sería el parto de todos los sitios e instantes. El ayer sin ayeres.

Einstein pensaba que no podía haber espacio-tiempo allí donde no hubiera materia. Al mismo tiempo, le resultaba impensable la idea de una frontera que demarcara el final. ¿Qué habría del otro lado? Por ello en 1917 concibió un universo estático y compacto, análogo a una superficie esférica; es decir, finito y sin frontera. En él la paradoja de Olbers no tendría lugar. Sin embargo, como si se tratara de un potro salvaje, el espacio-tiempo resultaba difícil de domar con las leyes de la relatividad general y se mostraba fatalmente propenso a expandirse o contraerse. El primero en descubrirlo fue un joven matemático ruso, Alexander Friedmann, nacido en el seno de una familia de músicos. Entre 1922 y 1924 escribió una serie de trabajos que demostraban categóricamente que el espacio-tiempo no podía permanecer estático: la relatividad general lo condenaba a evolucionar. Friedmann no pudo disfrutar de las mieles que, sin duda, habrían de llegar pronto en reconocimiento a su espectacular hallazgo. Una colonia de bacterias en la piel de una pera que se comió sin lavar en el viaje de regreso de su luna de miel en Crimea le provocó fiebre tifoidea, la cual acabó triste y absurdamente con su vida.

En paralelo, en el plano observacional, numerosos astrónomos como el estadounidense Vesto Slipher acumulaban evidencias de un fenómeno que a la postre resultó clave: la luz emitida por las nebulosas —aglutinaciones masivas de estrellas cuya naturaleza exacta se desconocía en aquella época—, al ser descompuesta a través de un prisma, revelaba una constitución mayoritariamente de hidrógeno, pero con todos sus colores desplazados hacia el rojo. Si en lugar de luz se tratara de música, es como si escucháramos una pieza conocida, pero con todas las notas desafinadas hacia los graves. Esto es lo que ocurriría si la orquesta que la interpreta se alejara de nosotros a gran velocidad. Los datos, no obstante, eran confusos cuando se analizaban estrellas individuales: Sirio, por ejemplo, se acerca a la Tierra a una velocidad de casi veinte mil kilómetros por hora.

En 1925 tuvo lugar un descubrimiento fundamental para comprender nuestro lugar en el cosmos. Edwin Hubble calculó la distancia a algunas nebulosas y descubrió que estas no pertenecían a la Vía Láctea. Eran, sencillamente, otras galaxias. Así descubrimos que las estrellas no están homogéneamente distribuidas como pensaban Bentley y Newton, sino que se acumulan en cardúmenes alejados unos de otros y en movimiento relativo. Las galaxias son enormes enjambres de estrellas incandescentes, inmensas noctilucas de hidrógeno convirtiéndose en helio.

En ese momento Hubble estudió el corrimiento al rojo de la luz de las galaxias y observó una sencilla ley: cuanto más lejanas, más rápido se alejaban de nosotros. Una galaxia que se encontrara a un millón de años luz se distanciaba a unos ciento cincuenta kilómetros por segundo y, si estaba diez veces más lejos, la velocidad era diez veces mayor. La más remota observada por Hubble se alejaba a casi ¡dos mil kilómetros por segundo!

El sacerdote católico y físico belga Georges Lemaître había llegado a la misma conclusión manipulando las ecuaciones de la relatividad general y observando que las razones de este alejamiento no eran otras que la propia expansión del espacio-tiempo que ya había encontrado Friedmann. Lemaître perpetró una audacia mayor: dedujo que, si vemos el universo actual en expansión, en el pasado tuvo necesariamente que haber sido más pequeño. Dado que no conocemos ninguna fuerza que pueda ser la responsable de esta expansión, esta debió originarse con el propio espacio-tiempo: ¡el universo nació expandiéndose!

El fulgor ciego

Cualquier contenido material conocido se enfría al expandirse. Así, en un hipotético viaje hacia el pasado, el universo sería cada vez más pequeño y, por lo tanto, más caliente. Lemaître llamó «átomo primigenio» a aquel reducto liliputiense de materia que con la hinchazón del espacio-tiempo devino en nuestro universo. Una idea que recuerda a la cosmogonía de Edgar Allan Poe, si bien ahora sólidamente respaldada por la teoría de la relatividad general. Esto último no fue suficiente para aplacar el recelo de Einstein —empecinado en la idea de un universo estático—, quien llegó a decirle a Lemaître en Bruselas: «Sus cálculos son correctos, pero su física es abominable». George Gamow, en cambio, encontró fascinante la idea de Lemaître de que en el universo primigenio pudieran haberse alcanzado tan altas temperaturas que explicaran la propia formación de los núcleos atómicos a partir de sus constituyentes fundamentales. Discípulo de Friedmann en la Universidad de Leningrado, Gamow no se interesó tanto por el relato del espacio-tiempo en expansión, como lo había hecho su tutor, sino por el de la materia que lo puebla. Sin embargo, sus disquisiciones también son relevantes para el tema que nos ocupa, y lo son de un modo sorprendente.

Si levantamos la vista una noche y observamos a Sirio, estaremos viendo realmente cómo era esta estrella —en realidad, se trata de un sistema doble— hace más de ocho años y medio. Esto es así porque la luz tarda ese tiempo en recorrer la distancia que nos separa de ella. Cuanto más lejano esté un cuerpo celeste, más demorará en llegarnos —y, en consecuencia, más antigua será— su luz. En el lienzo nocturno observamos el pasado mirando lejos. Asterismos y constelaciones, conjuntos de puntos luminosos de distinta antigüedad, son en realidad cristales de tiempo. Si el espacio-tiempo tuvo un origen y, como nos dice Gamow, las temperaturas que experimentaban la materia y la luz inicialmente eran escandalosamente altas, ¿no deberíamos ver en el fondo de la noche el fulgor de ese ardiente pasado? Como un viejo mantra regresa la pregunta más fecunda: ¿por qué, entonces, la noche es oscura?

Las enormes temperaturas no son otra cosa que una desenfrenada agitación de los componentes básicos de la materia. Atravesar ese caldo infernal de protones, neutrones y electrones es prácticamente imposible. Por este motivo, la luz del universo primigenio, atrapada en ese frenético *pogo ricotero*[4]

---

4. Los conciertos de la extinta banda argentina Patricio Rey y sus Redonditos de Ricota fueron especialmente conocidos por sus pogos multitudinarios: bailes colectivos en los que miles de personas saltan y se empujan de un modo frenético y descontrolado.

de partículas elementales, no pudo llegar hasta nosotros. Cuando el enfriamiento resultante de la expansión permitió que los protones —así como los núcleos de deuterio y helio— capturaran a los electrones circundantes para formar átomos de hidrógeno y helio, neutros, ahí sí, al fin, la luz pudo romper amarras y escapar. La temperatura era de tres mil grados sobre el cero absoluto. Un cuerpo a esa temperatura emite una luz parecida a la del Sol, aunque más rojiza. Como las brasas de una hoguera recién apagada. ¿Por qué entonces no vemos el cielo nocturno iluminado con ese tinte?

Lo que sucede es que en su largo viaje desde los confines del cosmos hasta nuestros ojos la luz se ha ido enfriando. La expansión del universo estira también las ondas de luz, lo que produce un efecto análogo al de la orquesta que se aleja de nosotros. Al dilatarse la luz en su travesía, la imagen que vemos desde la Tierra parece corresponderse a un sistema más frío.

En 1948, Ralph Alpher y Robert Herman, colaboradores de Gamow, hicieron el primer cálculo de la temperatura aparente con la que debería detectarse hoy el fulgor primigenio obteniendo... ¡cinco grados sobre el cero absoluto! La emisión de un cuerpo a tan baja temperatura está en la región del espectro electromagnético a la que llamamos microondas, esa luz invisible con la que calentamos nuestros alimentos. ¡Eureka! ¡Por eso nuestros ojos perciben un manto negro de noche! Porque no están preparados para ver luz con una longitud de onda tan larga.

El epílogo de esta historia roza lo inverosímil. Estando tan cerca de comprobar lo que —en 1949— el eminente físico de Cambridge, Fred Hoyle, denominó burlonamente como teoría del Big Bang, Gamow decidió dedicarse a investigar las propiedades de la recién descubierta molécula de ADN, mientras que Alpher y Herman se fueron a trabajar a la industria. Durante más de una década, una idea alternativa propuesta en 1948 por el propio Hoyle, Herman Bondi y Thomas Gold, la teoría del estado estacionario,[5] dominó la escena académica. Hasta que Arno Penzias y Robert Wilson encontraron en 1965, mediante una enorme antena de telecomunicaciones, sin buscarla, una señal de microondas proveniente de todas las direcciones del cielo, en perfecta correspondencia con la emisión que produciría un cuerpo que estuviera a poco menos de tres grados sobre el cero absoluto. ¡Habían observado, inopinadamente, la imagen más antigua posible de nuestro universo!

El último medio siglo nos ha permitido estudiar con minuciosa atención este retrato de infancia que tuvo lugar hace trece mil ochocientos millones de años, admirando cada detalle que se proyecta sobre el fondo del cielo nocturno. Como quien reconoce en una foto infantil los rasgos de un adulto, encontramos allí una explicación para entender por qué la materia se concentró en galaxias y cúmulos de ga-

---

5. La teoría del estado estacionario sostiene que el universo no tuvo un inicio y que con el paso del tiempo no debería observarse ningún cambio sustancial en la distribución de galaxias. Esto implica que habría galaxias arbitrariamente viejas. Tampoco logra explicar, como sí lo hace la teoría del Big Bang, la génesis de los elementos químicos más abundantes del universo: el hidrógeno y el helio.

laxias de la manera en que lo hizo, en lugar de dispersarse desordenadamente en el cosmos. Las ondas sonoras del caldo primigenio, por ejemplo, son visibles en algunos trazos de aquella foto, y sus huellas persisten en la distribución de galaxias que observamos con nuestros telescopios.

En el impactante telón de fondo que se nos ofrece al levantar la vista y contemplar el cielo nocturno, bruno y salpicado de estrellas, el universo nos obsequia, secreta y generosamente, su retrato de infancia. Imperceptible para nuestra mirada imperfecta.

Ya lo había escrito Antoine de Saint-Exupéry unos años antes, en boca de *El Principito*: «Lo esencial es invisible a los ojos».

3.
Nostalgias del
pálido punto azul

Lionel Verney se aprestaba a vivir la inexorable y definitiva soledad de ser el último hombre sobre la faz de la Tierra: «Elegí mi bote y acomodé mis escasas provisiones. Seleccioné unos pocos libros, principalmente de Homero y Shakespeare, aunque las bibliotecas del mundo estaban abiertas para mí y en cualquier puerto podría renovarlos». Una semana antes había inscrito en la piedra más alta de la Basílica de San Pedro la fecha del primer día del último año del mundo: 2100. La humanidad había sido diezmada por una plaga. Así lo imaginó y escribió Mary Shelley en *El último hombre*, la novela que publicó hace casi dos siglos.

El texto hunde sus raíces en el apocalíptico poema «Oscuridad», el cual lord Byron escribió en 1816 mientras convivía en las afueras de Ginebra con el matrimonio Shelley durante unas semanas de explosiva creatividad en las que Mary concibió a Frankenstein. Ese tiempo pasó a la historia como «el año sin verano». Hoy sabemos que la erupción de un volcán en Indonesia cubrió de una niebla seca gran parte de Europa, Asia y el este de América del Norte, pero en ese momento se asoció el fenómeno a la proliferación de manchas en un Sol enrojecido y tenue. La mayor parte de las cosechas sucumbieron a la helada, con lo que los precios de los granos subieron y se desató el caos. La hambruna dejó unos doscientos mil muertos solo en Europa.

Hubo quienes juzgaron estos signos como inequívocamente apocalípticos y creyeron que el Sol agonizaba. También hubo quien encontró belleza en esos atardeceres pletóricos de colores improbables, fruto de la dispersión de la luz solar en las cenizas del volcán suspendidas en la atmósfera. William Turner logró replicar esos cielos en la policromía de su paleta, tal como lo haría algunas décadas más tarde Edvard Munch en su obra más célebre, *El grito*, tras la explosión del volcán de Krakatoa. Las cenizas de un volcán pueden convertirse en pintura, y las angustias del apocalipsis, en literatura. Aunque parezca una extraña forma de amargo consuelo frente a la emergencia climática en la que nos encontramos, siempre habrá quien, como sugirió Charles Baudelaire, tomará el barro y lo convertirá en oro.

Creo en ti, Revolución

El año sin verano tuvo lugar poco después de dos revoluciones que cambiaron para siempre la vida del *Homo sapiens*: la Revolución francesa y la Revolución Industrial. De la primera emergió el concepto de ciudadano y de sujeto de derecho. El mundo se parceló en naciones y los ejemplares de nuestra especie debieron adscribirse a alguna de ellas. Esto llevó a consolidar la extravagante fantasía que sostiene que, digamos, un mexicano y un estadounidense o un ruso y un ucraniano son distintos. Y este insidioso delirio fue el certificado de defunción de la empatía intraespecífica. Al mismo tiempo, dentro de cada nacionalidad, surgió la noción de la igualdad ante la ley y los derechos civiles. La Revolución Industrial, por su parte, cambió para siempre el estilo de vida del *Homo sapiens* y su mundo laboral, y surgieron conceptos que hoy nos resultan tan familiares como «clase media», «proletariado», «capitalismo» y «socialismo».

Las dos revoluciones marcaron un punto de inflexión en las posibilidades de transformación del entorno natural. Con la invención de las máquinas de vapor, nos alejamos de la parsimoniosa cadencia dictada por nuestros ritmos biológicos y creció de manera exponencial la capacidad de realizar trabajo, mover grandes pesos, recorrer grandes distancias e industrializar los procesos. No fue tan sencillo para los flamantes ciudadanos acceder a los beneficios de esta sensacional maquinaria, pero progresivamente fue aumentando el nivel de servicios y consumo de la mayoría de la población. Empezó a girar una rueda imparable, con la consiguiente generación de toneladas de desperdicios.

Con la invención de las baterías, y más tarde del motor de combustión y del de corriente alterna, los procesos electromecánicos se expandieron hasta entrar de lleno en la esfera doméstica. El antiguo ritmo de movimiento de las poblaciones humanas, la tracción a sangre, fue reemplazado en unas pocas décadas por una sinfonía de máquinas cuyo flujo sanguíneo requería, en última instancia, de una inyección ingente de energía que solo podía ser provista por la quema del carbón y los combustibles fósiles. La humareda que escupían las grandes chimeneas de las fábricas fue sumándose al caldo de gases al que llamamos aire, y se fue modificando así poco a poco su constitución.

La Revolución francesa fue pródiga en decapitaciones. Uno de los condenados a la guillotina que consiguió salvarse —esencialmente porque quienes lo condenaron perdieron la cabeza antes— fue el gran matemático Jean-Baptiste Joseph Fourier, quien también fue un experto en el estudio de la transferencia del calor. Él fue el primero en comprender que la temperatura de la Tierra se debía, sobre todo, a que los gases atmosféricos podían atrapar una parte de la luz solar reflejada en la superficie. La Luna, que carece de atmósfera, tiene una temperatura media de -28 °C con fluctuaciones a lo largo del día de casi 300 °C; la radiación solar es absorbida por las piedras y finalmente reflejada al espacio. En la Tierra, en cambio, la transparencia de la atmósfera es menor a bajas frecuencias, por lo que la luz que se refleja en la superficie, al perder energía, queda atrapada en un medio que le resulta opaco, y lo calienta.

Fourier fue el primero en darse cuenta de este fenómeno al que se conoce como «efecto invernadero». Es inherente a la existencia de la atmósfera y en sí mismo es positivo: convierte a la biosfera en un reservorio energético, imprescindible para que pueda emerger el orden de los sistemas biológicos frente a la tiranía del segundo principio de la termodinámica que decreta la vocación de la naturaleza por el desorden. El grado de opacidad de la atmósfera a una parte de la luz reflejada en la superficie es el delicado termostato de nuestro planeta. Así, la emisión de gases que contribuyen al efecto invernadero actúa como una mano invisible que gira la manivela y pone en marcha nuestra lenta pero inexorable cocción.

Apuntes desde Gaia

La vida ha encontrado en nuestro planeta un sinfín de caminos para realizarse. El número de especies eucariotas asciende hoy a cerca de diez millones, de las cuales una cuarta parte vive en los océanos. La amplitud de formas de vida suscita preguntas interesantes. ¿Ha sido la presión evolutiva, la evolución del clima y el movimiento de las placas tectónicas lo que nos ha llevado a esta biodiversidad? ¿O han evolucionado a la par y en interrelación la vida y el sustrato material que a esta ofrece nuestro planeta? En otras palabras, ¿es la Tierra un escenario dinámico con características propias que han signado la evolución de la vida o esta ha sido, a su vez, un factor clave para definir las peculiaridades del propio escenario?

James Lovelock formuló la llamada «hipótesis Gaia» hace poco más de medio siglo, y se inclinó por esta última op-

Trece maneras de mirar el cielo

ción: la vida no es un sujeto pasivo en un escenario predeterminado. La biosfera y la evolución de la vida contribuyen a la estabilidad de la temperatura global, a la salinidad de los océanos, al nivel de oxígeno en la atmósfera y a otros factores de habitabilidad, en una suerte de homeostasis global. Lo vivo y su entorno evolucionan a la par, afectándose mutuamente, en un equilibrio que no necesariamente es estable: una fluctuación importante podría llevar al sistema completo a una excursión a través de condiciones cambiantes y erráticas hasta llegar a un nuevo punto de equilibrio. Ya lo ha hecho en el pasado.

Un buen ejemplo de ello parece haber tenido lugar hace unos dos mil quinientos millones de años, cuando la población de cianobacterias —algas verdeazuladas capaces de realizar fotosíntesis— creció desaforadamente inyectando toneladas de oxígeno en la atmósfera terrestre. Las condiciones del entorno cambiaron de forma radical, una catástrofe climática en la que, como siempre, hubo perjudicados y beneficiados. Entre estos últimos estuvieron nuestros remotos ancestros, seres que desarrollaron el mecanismo de la respiración y pudieron aprovechar la oportunidad brindada por una atmósfera rica en oxígeno.

Si bien es mucho lo que ignoramos sobre cómo se alcanza y cómo se mantiene el equilibrio, lo cierto es que la biodiversidad incrementa en todos los modelos estudiados la regulación de muchas variables que conducen a la estabilidad del clima. Los eventuales desaguisados que cada especie tienda a provocar en su entorno, por así decirlo, se cancelan entre sí con máxima eficiencia. El cambio climático que experimentamos actualmente no es solo una cuestión de dióxido de carbono, metano u otros gases de efecto invernadero. También es un asunto de reducción de la biodiversidad, algo que va mucho más allá de la simple pérdida de aquellas especies que nos resultan entrañables. Muchas de las que nos dejan indiferentes o incluso nos desagradan desempeñan un papel importante en el delicado equilibrio de la biosfera.

El aprendizaje puede abrevar en el propio pasado de nuestra especie. Son varios los ejemplos de civilizaciones que padecieron algo parecido a la extinción como fruto de su crecimiento insostenible y su desprecio a la biodiversidad. El extraordinario libro *Colapso*, de Jared Diamond, los describe con rigor académico. El caso de los mayas, si bien no es el más transparente, es paradigmático por tratarse de una civilización que llegó a un grado muy elevado de desarrollo y, sin embargo, creció demográficamente hasta acariciar el apocalipsis que mucho más tarde describió Thomas Malthus. En un territorio como el de la península de Yucatán, cuya irrigación hidrográfica tiene la peculiaridad de acontecer íntegramente bajo tierra —aflorando el agua en sus magníficos cenotes—, y que se ve afectado periódicamente por sequías provocadas por la actividad solar, la superpoblación y el monocultivo del maíz derivaron en la práctica extinción de los mayas en el siglo x. De una población de más de diez millones de habitantes se pasó, cuando llegaron los españoles, a una de decenas de miles.

La deforestación y erosión de las tierras de cultivo y la sequía resultante de esta modificación del entorno, el aumento de la población por encima de los medios disponibles, las guerras internas por los recursos que declinaban y la ausencia de nuevos territorios a los cuales poder desplazarse constituyeron la tormenta perfecta. Los líderes mayas, entretanto, jamás dejaron de impulsar la construcción de templos que hablaran al mundo y a los dioses de su grandeza y opulencia, entreteniéndose en la miopía del cortoplacismo, como la orquesta que seguía sonando en los señoriales salones del Titanic mientras este se hundía sin remedio. Cualquier parecido con la actitud de los líderes políticos mundiales del presente (no) es pura coincidencia.

No se culpe a nadie

James Lovelock visitó Santiago de Compostela en 2010, y allí impartió una conferencia en la que mostró indicadores como el nivel del mar, cuyo crecimiento reciente ha sido peor que el pronosticado por el Panel Internacional del Cambio Climático. Argumentó que a finales de este siglo los efectos serían devastadores, principalmente en cuanto a la sequía, los incendios y su consiguiente crisis de refugiados. Remarcó el hecho de que «no estamos destruyendo el planeta»; Gaia seguirá su andadura y, como siempre, habrá especies beneficiadas y perjudicadas por nuestros disparates colectivos. No sin cierto sarcasmo, eximió al ser humano de responsabilidad al declararlo inimputable. Lo equiparó con quien se encuentra un revólver en la jungla y, al examinarlo, intenta ver su interior a través del cañón y lo dispara accidentalmente: la bala que atravesará el cerebro ya inició su camino, pero el inopinado suicidio, técnicamente, habrá sido involuntario.

Al terminar la charla, me acerqué y le pregunté: «Profesor Lovelock, si la humanidad tomara conciencia de la dramática situación y pusiera el timón en sus manos comprometiéndose a seguir sin discusión lo que usted juzgara correcto, ¿qué haría?, ¿qué rumbo tomaría?». Clavó sus ojos en los míos con la mirada compasiva de un sabio centenario que no es portador de buenas noticias, y me dio una respuesta inesperada y angustiosa: «Solo puedo decirte lo que yo haría si fuera español: me armaría hasta los dientes para cuando llegue el momento, antes de fin de siglo, cuando millones de refugiados del centro y del norte de Europa, hambrientos por la sequía, quieran entrar en la península ibérica; habrá que decirles con firmeza que no hay lugar para todos... y se pondrán violentos».

Exagera, pensé. Luego vi arder la Amazonía, California y Australia. Cada verano en el que llegan noticias de incendios recuerdo esa mirada penetrante bajo la sombra de un abigarrado bosque de cejas y la terminante seguridad con la que pronunció sus estremecedoras palabras.

El pájaro y su jaula

No sabemos si existe alguna forma de vida en otros rincones del universo. Por un lado, el hecho de que haya unas cien mil millones de galaxias, cada una con algunos cientos de miles de millones de estrellas, nos ha llevado a concluir que es casi inexorable la multiplicidad de la vida en el cosmos. La célebre ecuación de Drake traduce estas elucubraciones al respetado lenguaje de los números, y confiere una pátina de certidumbre científica a esta hipótesis incierta. Lo cierto es que no sabemos uno de los ingredientes básicos de esta ecuación: cuán probable es que aparezca vida una vez que están dadas las condiciones para ello. Más aún, sea el surgimiento de la vida un evento común o milagroso, su persistencia, imprescindible para que exista un proceso evolutivo del que emerjan formas complejas, también podría ser un factor fuertemente restrictivo. Por ejemplo, quizás en un planeta con dos o más satélites no pueda estabilizarse el eje de rotación lo suficientemente pronto como para permitir las condiciones de regularidad climática necesarias para la subsistencia de la vida. Si esto fuera cierto, habría un nuevo término supresor en la ecuación de Drake.

La exploración astronómica de este siglo nos ha permitido identificar más de cuatro mil exoplanetas; es decir, planetas que orbitan a otras estrellas. Esto ha abonado los más descabellados proyectos de colonización espacial. En definitiva, podemos mirar el cielo como quien contempla el horizonte desde una orilla fantaseando con los territorios por conquistar que puedan ofrecerse, fértiles y vírgenes, al otro lado. La evocación de aquellas carabelas que expandieron el mundo a ultramar —inicialmente para la Corona española; hoy, aunque sea de un modo desigual, para todos— lleva a algunos a soñar con la conquista de nuevos mundos de *ultracielo*.

Algo similar ocurre con los estudios sobre fuentes de energía como la fusión nuclear, que prometen ser limpias y abundantes. Vivimos, como especie, asomándonos cada día un poco más al abismo, pero fantaseando con que en el último minuto, como en esas viejas series infantiles, aparecerá una solución mágica que nos dará una nueva oportunidad para poder seguir jugando de espaldas al precipicio.

Esto de ningún modo quiere decir que no deban desarrollarse fuentes energéticas derivadas de la fusión nuclear —como el reactor termonuclear experimental internacional (ITER), del que podría haber novedades a finales de esta década—, ni que deba dejarse de lado la exploración de la Luna o Marte —o la de exoplanetas e incluso satélites de nuestro propio sistema solar que podrían albergar alguna forma de vida en su interior—, con el afán de, como decía Stephen Hawking, «no poner todos los huevos en la misma canasta». Sin embargo, cualquiera que haya pasado unas horas en lugares extremos de nuestro planeta como la cima del Himalaya o el desierto de Atacama puede hacerse una rápida idea de lo difícil que sería establecerse en esos sitios. ¡Imagínense en Marte!

Necesitamos mirarnos al espejo, conocer nuestro verdadero rostro y reconocer que, como alguna vez escribió Adolfo Bioy Casares, el pájaro lleva su jaula a cuestas: allí donde vayamos haremos los mismos destrozos, tendremos idénticos descuidos y perpetraremos análogos desatinos. Mucho más si no hay un mínimo de biodiversidad que pueda ejercer de contrapeso. La había en América cuando llegaron los conquistadores. Es muy difícil concebir a la humanidad floreciendo a ultracielo en mundos yermos sin la compañía de otras especies.

La desaparición de especies que tiene lugar en nuestro planeta cada día es, además de un crimen contra la naturaleza, de pésimo pronóstico para el ser humano. Mientras constatamos el aumento sistemático del nivel del mar, el retroceso de los glaciares, los incendios devastadores que solo en los últimos años afectaron a la Amazonía, California y Australia, así como el aumento en el número de huracanes y tormentas tropicales, seguimos tolerando a dirigentes políticos que, como los líderes mayas, están embarcados en delirantes proyectos de grandeza que hace rato han dejado de rozar el patetismo para hundirse gozosamente en él.

La biodiversidad enfrenta una crisis de dimensiones escalofriantes. El 96 % de la biomasa de mamíferos terrestres está integrada por seres humanos, ganado y animales domésticos. Somos los huéspedes ideales para bacterias y virus. Previsiblemente, tendremos que acostumbrarnos a casos crecientes de zoonosis como el que desencadenó recientemente la pandemia de COVID-19. La biomasa de pollos en cautiverio es tres veces mayor que la del resto de las aves. ¡Estamos transformando el planeta en una enorme granja!

En México, el único mamífero marino endémico del Mar de Cortés, la bellísima vaquita, el cetáceo más pequeño del mundo, entró en el siglo XXI con una población de poco más de quinientos individuos. Hoy quedan veinte ejemplares adultos. Es casi inevitable su desaparición para finales de esta década.

Un caos de arcilla dura

El aumento de la temperatura global del planeta durante el último siglo ha sido de un grado y no tiene vuelta atrás en lo inmediato. Parece poco. Sin embargo, como referencia comparativa, la catástrofe desatada en el año sin verano se debió a una disminución de poco más de medio grado que apenas duró unos meses. El apocalíptico poema escrito por lord Byron en esos días aciagos acaba con versos estremecedores y poderosos:

> Sin estaciones, sin hierba, sin árboles, sin hombres, sin vida,
> un bulto de muerte, un caos de arcilla dura.

El horizonte sombrío de que la Tierra acabe siendo un caos de arcilla dura, una piedra estéril errante en el cosmos, uno más de los oscuros e inhóspitos astros que encuentran nuestros telescopios, fue vislumbrado hace ya dos siglos. No tenemos ningún indicio de que exista otro pálido punto azul en la gélida oscuridad de los cielos a una distancia compatible con nuestra esperanza de vida. Lord Byron ya dio voz a la nostalgia del paraíso perdido que embargará al último hombre:

> Los ríos, lagos y océanos se detuvieron
> y nada se agitó en sus silenciosas profundidades;
> barcos sin marinero yacían podridos en el mar,
> y sus mástiles cayeron poco a poco: a medida que se
> [desplomaban,
> dormían en el abismo sin marejada.
> Las olas estaban muertas, las mareas en su tumba,
> la Luna, su amante, había expirado antes;
> los vientos se marchitaron en el aire estancado
> y las nubes perecieron; la oscuridad no tenía necesidad
> de ayuda de ellas. Ella era el Universo.

Ya sabemos que, de no hacer nada para revertir el calentamiento global, nuestros nietos van a sufrir. Modificar nuestro entorno hasta convertirlo en un lugar inhóspito para la vida de nuestra propia especie es la mayor estupidez que pueda concebirse. A ella estamos abocados con la acendrada necedad y el pueril entusiasmo del idiota.

4.
Júpiter y Saturno:
encuentros y desencuentros

La relación entre Júpiter y Saturno ha sido tumultuosa desde el inicio de los tiempos. Saturno, como ilustró Rubens en 1636, y dos siglos más tarde Goya, se comió a cada uno de sus hijos, temeroso de la profecía que auguraba que sería uno de ellos quien lo destronaría. Su esposa y hermana, Ops, decidió salvar la vida de uno de ellos, Júpiter, quien, ya sabemos, años más tarde acabaría haciendo realidad el temido augurio. Ambos dieron sus nombres a los dos planetas más grandes del Sistema Solar, dos gigantes gaseosos que, acaso por la desconfianza mutua de ese sangriento pasado que los une, nunca se aproximan a menos de 650 millones de kilómetros.

Sin embargo, desde la Tierra las cosas se ven de otro modo, y cada dos décadas padre e hijo escenifican una reconciliación que, dicho sea de paso, es pura apariencia. Y es que en veinte años Júpiter da una vuelta y dos terceras partes de otra alrededor del Sol, mientras que Saturno recorre dos tercios de la propia, de ahí la coincidencia. Se podrá objetar que se trata apenas de un espejismo provocado por nuestro particular punto de vista, pero también es cierto que solo en este planeta hemos elevado a estos otros dos a la categoría de dioses, unidos por un lazo paternal de tintes indiscutiblemente trágicos. De modo que, sí, se trata de un punto de vista especial, pero de uno inusualmente dotado de sentido.

Los primeros textos de la humanidad fueron escritos en el cielo aprovechando ese punto de vista singular. ¿Acaso no son las constelaciones dibujos en el cielo trazados desde la Tierra? Cada año, al recorrer su órbita, podemos leer un texto cíclico uniendo estrellas de un modo caprichoso. Asterismos y constelaciones que remedan torpemente figuras conocidas dan forma a una tan austera como ingeniosa caligrafía ideográfica. Cubrimos el cielo con ese fino tul de líneas y símbolos para poder leerlo. Allí donde apenas dos puntos luminosos se acercan y se separan, nosotros leemos una historia de dos dioses antiguos, padre e hijo, con una trágica historia sobre sus hombros. Las primeras obras de teatro en la antigua Grecia, las tragedias originales, se representaron en el cielo. Los anónimos autores desentrañaron el texto de entre innumerables variantes, como quien encuentra formas conocidas en un mar de nubes. Planetas y estrellas fueron sus irreprochables actores y actrices.

El lunes 21 de diciembre de 2020 Júpiter y Saturno tuvieron su última cita en la bóveda celeste, y llegaron a acercarse a menos de una quinta parte del tamaño de la Luna. La distancia aparente entre ambos planetas es diferente en cada encuentro. El motivo es sencillo: sus órbitas, elípticas, discurren en planos diferentes que están ligeramente inclinados respecto del terrestre: poco más de un grado en el caso de Júpiter y casi dos grados y medio en el de Saturno. Cuando el hijo, cuyo desplazamiento angular es más rápido, alcanza al padre, suelen estar separados en la dirección perpendicular al plano de la órbita terrestre. Y en 2020 estuvieron excepcionalmente cerca, como no lo estaban desde el 16 de julio de 1623, solo que en aquella ocasión el encuentro se produjo demasiado cerca de la línea del Sol, lo que dificultó su visibilidad.

Uno de los testigos privilegiados de esa conjunción fue Johannes Kepler, quien en esos días terminaba de escribir sus *Tablas rudolfinas*, el catálogo estelar y planetario más completo jamás elaborado hasta entonces, basado en las minuciosas observaciones realizadas por Tycho Brahe durante años. Fue tan preciso el trabajo de Kepler que permitió calcular el tránsito de Mercurio delante del disco solar, en 1631, el primero que pudo ser observado a través de un telescopio, dos siglos antes de que el travieso benjamín del Sistema Solar comenzara a propiciar el derrumbe del monumental edificio de la gravitación universal de Newton. Impregnado de pensamientos religiosos, Kepler tuvo una idea tan peregrina como audaz: ¿no habría sido la legendaria estrella de Belén apenas una antigua conjunción de Júpiter y Saturno? Bajo esa hipótesis podría calcular en qué momento se produjo ni más ni menos que el nacimiento de Jesús de Nazaret. Concluyó que, de ser así, los Reyes Magos habrían observado lo que interpretaron como la estrella de Belén el día 22 de junio del año... ¡7 antes de Cristo!

Ese año, además, ambos planetas protagonizaron un raro escarceo en el cielo, y se encontraron tres veces. No es difícil darse cuenta de que algo así sería imposible desde una Tierra inmóvil, pero es perfectamente factible teniendo en cuenta que nuestro planeta también se encuentra en órbita y que, además, su vuelta alrededor del Sol es mucho más rápida, con lo que ofrece un punto de vista cambiante. La distancia entre los dos gigantes gaseosos, calculó Kepler, fue equivalente a casi dos diámetros lunares. Atribuyó a la vista debilitada de los Reyes Magos que pudieran confundir esta imagen doble con el brillo único de la estrella de Belén, hipótesis difícilmente cierta en una época en que los viajantes conocían bastante bien la escasa vitalidad que ofrecía el cielo nocturno, dada sobre todo por el movimiento de los cinco planetas conocidos en ese entonces. Ni siquiera parece verosímil esta idea si Júpiter y Saturno se hubieran tocado circunstancialmente en el cielo, ya que a la noche siguiente se los habría visto distanciarse de nuevo.

La enemistad mitológica entre Júpiter y Saturno los ha llevado a una separación casi irreconciliable. Sin embargo, aunque en muy raras ocasiones, a veces se los puede observar cediendo al impulso paterno filial que los lleva a tocarse, ya sea porque Júpiter oculta parcialmente a Saturno o porque lo eclipsa del todo. Me temo que no estaremos aquí para ver ese conmovedor instante: la próxima vez que esto suceda será la noche del domingo 16 de febrero del año 7541. Quienes tengan la fortuna de observar ese tránsito de Júpiter por delante de Saturno, además, contarán con la insólita segunda oportunidad, cuatro meses y un día más tarde, de ver cómo el hijo eclipsa completamente al padre durante un rato.

Un cuarto de siglo antes de que Rubens pintara su cuadro sobre Saturno, Galileo lo observó por primera vez a través de su flamante invento: el telescopio. Vio sus anillos, aunque de manera bastante confusa; de hecho, fue Christiaan Huygens el primero en apreciarlos nítidamente en 1656. El 19 de agosto de 1610 le escribió a Kepler: «¿Qué les dirías a los filósofos más prestigiosos de nuestra facultad, a quienes les he ofrecido mil veces mostrarles yo mismo mis estudios, pero que, con la vagancia porfiada de la serpiente que ha comido hasta la saciedad, nunca han aceptado mirar los planetas o la Luna por el telescopio? La verdad es que, al igual que las serpientes ocluyen sus oídos, ellos cierran sus ojos a la luz de la verdad». Sus contemporáneos preferían no arriesgarse a mirar por el telescopio para poder seguir aferrándose a sus creencias, cualesquiera que estas fueran.

Dos años más tarde, Galileo repitió la observación y con estupor se encontró con que... ¡los anillos habían desaparecido! El eje de rotación de Saturno tiene una inclinación pronunciada y, a medida que recorre su órbita, vistos desde la Tierra, los anillos realizan una danza sensual que los deja de canto cada quince años, más o menos. La línea de visión coincide en ese momento con el plano de los anillos, lo que los hace desaparecer momentáneamente. Ocurrió el 23 de marzo de 2025, pero fue difícil de observar porque Saturno estuvo muy cerca del Sol. Cuando tengamos la ocasión de contemplar ese singular espectáculo en el paño oscuro de la noche, podremos repetir los versos de Neruda:

> Se muere el universo de una calma agonía
> sin la fiesta del Sol o el crepúsculo verde.
> Agoniza Saturno como una pena mía,
> la Tierra es una fruta negra que el cielo muerde.

O exclamar consternados, como lo hizo Galileo: ¡Otra vez Saturno se come a sus hijos! Júpiter, receloso, sabrá mantenerse a prudente distancia.

5.
Apología de los eclipses

El disco lunar y el disco solar son casi idénticos en el cielo vistos desde la Tierra. No siempre ha sido así. Ni lo será. Vivimos en la era de los eclipses totales, como el que pudo verse el lunes 14 de diciembre de 2020 desde la Patagonia, tanto en Chile como en Argentina, o el que se disfrutó el lunes 8 de abril de 2024 desde México, los Estados Unidos y Canadá, o el que se verá el miércoles 12 de agosto de 2026 en buena parte de España. ¿Qué clase de apología puede construirse del mero hecho de que un cuerpo, la Luna, nos impida ver por unos minutos a otro, el Sol, al interponerse entre este y nosotros?

Griegos y terraplanistas

Un eclipse es ocultación. Hay mucho de fascinante en este sencillo hecho, por supuesto, sobre todo cuando quien queda ensombrecido es el Sol. Toda la corpulencia del astro más grande de nuestro entorno queda invisible, inmaterial a las espaldas de un modesto satélite. El espectáculo astronómico es majestuoso. La imagen de la regia corona solar, trazada en un eléctrico blanco plateado sobre el fondo negro de una desconcertante y breve noche en el medio del día, es algo de lo que nadie debería privarse. Su belleza, sin embargo, se realza cuando aguzamos los sentidos y el intelecto para permitir a nuestra mirada encontrar en la sombra aquello que, como la corona, no permitía ver tanta luz.

Aristarco de Samos, por ejemplo, midió la sombra de la Tierra en un eclipse de Luna —ya sabía que su luz no era propia gracias a la sagacidad del filósofo presocrático Anaxágoras— y concluyó que el disco de penumbra era unas dos veces y media más grande que esta. Eratóstenes determinó la sombra de una vara en Alejandría, separada algunos cientos de kilómetros de un pozo en Siena,[6] en el preciso instante en el que el Sol incidía verticalmente sobre este. Llegó a la conclusión de que la Tierra era una esfera y calculó su radio con asombrosa precisión.

Hiparco de Nicea se dio cuenta de que, sumando estas observaciones al hecho de que en un eclipse total la Luna cubre precisamente al Sol y lo hace de manera relativamente efímera, podía calcular su tamaño. Si la sombra de la Luna sobre la Tierra era tan pequeña como para que el eclipse tuviera una duración tan breve, razonó, eso quería decir que la

---

6. No se trata de la Siena italiana que se encuentra en la Toscana, sino de la actual Asuán, ciudad del margen oriental del río Nilo, en Egipto.

sombra de la Tierra sobre la Luna, en un eclipse lunar, también debía reducirse en exactamente el tamaño de esta. De modo que la Tierra debía de ser aproximadamente tres veces y media más grande que la Luna.[7]

Esto nos permite evaluar, con una simple moneda y el aún más antiguo teorema de Tales, la distancia a esta. Es cuestión de tapar la Luna con la moneda: la Luna será tanto más grande que la moneda como tanto más lejos de nuestros ojos se encuentre. Aristarco notó, además, que podía saber a qué distancia estaba el Sol midiendo los ángulos entre este y la Luna en las fases de cuarto creciente y cuarto menguante y empleando nociones elementales de trigonometría. Y con la Luna haciendo las veces de moneda en un eclipse total —más la inestimable ayuda de Tales de Mileto—, podemos saber, por último, el tamaño del Sol.

No hizo falta más que una dosis de lucidez para desentrañar, sin necesidad de aparejos tecnológicos, estos primeros misterios de la Tierra, del Sol y de la Luna más de dos mil años antes de que la enmarañada luz de la posmodernidad encegueciera a un puñado de terraplanistas.

Muchas culturas aprendieron a predecir eclipses. Casi una vez al mes tenemos luna nueva, y eso quiere decir que el Sol está «del otro lado» iluminando su cara oculta. ¿Por qué eso no es suficiente para que se produzca un cono de som-

---

7. Hoy podemos medir con gran precisión el tamaño de la Tierra y de la Luna. Constatamos, con enorme admiración por el agudo ingenio de Hiparco de Nicea, que la diferencia de tamaño entre ambas es de 3,67.

bra sobre la Tierra? Ocurre que la órbita terrestre es una elipse inscrita en un plano, al igual que la de la Luna, pero ambos planos forman un ángulo entre sí. Las dos elipses oblicuas se cortan en dos puntos diametralmente opuestos. Por eso los eclipses se acumulan en dos momentos específicos del año, separados casi seis meses. En los eclipses de Sol la sombra de la Luna recorre la superficie de nuestro planeta a más de dos mil kilómetros por hora. Tenemos registros tan antiguos de eclipses como el encontrado en una tabla de arcilla en las ruinas de Ugarit, Siria. Allí consta el eclipse total que tuvo lugar el 5 de marzo de 1223 a. C.

Los exploradores de los océanos, necesitados de referencias que pudieran verse desde la inmensidad uniforme que reina mar adentro, aprendieron a cartografiar el cielo con detenimiento y a incluir en sus cartas astronómicas los eclipses lunares. No olvidemos que estos, quizá menos espectaculares que los solares, son también menos exclusivos: se ven desde cualquier punto de la Tierra en el que la Luna sea visible. El astrónomo alemán Johannes Müller Regiomontano, por ejemplo, construyó tablas astronómicas que contenían todos los eclipses lunares que iban desde 1475 hasta 1506. Cristóbal Colón navegaba siempre con ellas.

En 1503 Colón llegó a las costas de Jamaica y entabló una relación razonablemente amistosa con los arahuacos. Pero esta cordialidad empezó a resquebrajarse cuando la comida fue insuficiente y algunos marineros españoles tomaron por la fuerza lo que no era suyo. La tensión se volvió insoportable y se auguraba un desenlace violento. Colón recurrió a una solución desesperada. Amenazó a los nativos diciéndoles que su dios se enfurecería si no reinaba la paz y no recibían el apoyo logístico solicitado. Anunció que, como prueba de su furia, haría sangrar a la mismísima Luna.[8] Sabía que el 29 de febrero de 1504 habría un eclipse lunar por las tablas de Regiomontano que llevaba a bordo.

Cuando llegó el momento, ante el pánico de los arahuacos, se encerró casi una hora para escenificar el perdón de su dios y esperar a que finalizara el eclipse. Colón tuvo la sangre fría de verificar la hora local y compararla con la predicción de las tablas, lo que le permitió deducir que se encontraba siete horas y cuarto al oeste de Cádiz —concluyó erróneamente, ya que la referencia correcta debía ser el lugar en el que se confeccionó el catálogo—. En cualquier caso, y aun teniendo en cuenta este detalle, parece claro que cometió algún fallo en el cálculo. La determinación precisa de la longitud, cuán al oeste o al este uno se encuentra en el globo terráqueo, fue un problema abierto para los navegantes, de muy difícil resolución hasta la segunda mitad del siglo XVIII. Ese mismo año, por cierto, un fugaz eclipse anular[9] de ape-

8. En los eclipses lunares la luz solar que atraviesa la atmósfera terrestre y se difunde sobre la sombra del planeta en la Luna es rojiza, al igual —y por el mismo motivo— que en los atardeceres. La Luna adquiere un tono bermejo.

9. Cuando la Luna se encuentra en un punto lejano de su órbita elíptica, su envergadura no es suficiente para cubrir la totalidad del disco solar y puede observarse un anillo de fuego alrededor de su silueta oscura.

nas treinta y dos segundos de duración tuvo lugar el 8 de septiembre, tres días antes de que Colón emprendiera el regreso a España de su cuarto y definitivo viaje, desde Santo Domingo.

A la luz de la sombra

La observación detallada de los eclipses nos ha enseñado mucho sobre la violenta actividad que acontece en las inmediaciones de la superficie del Sol. Johannes Kepler documentó en 1605 la existencia de la corona solar, que no recibió ese nombre hasta dos siglos más tarde. Y es que Kepler y todos los astrónomos que la observaron tras él atribuyeron a la Luna esa enorme e hipnótica aureola de luminosidad metálica y brillo perlado que se ve en el momento de oscuridad total. Creían, muy razonablemente, que lo que estaban viendo era la tenue atmósfera lunar encendida por el Sol a sus espaldas.

Hubo que esperar al eclipse del 22 de mayo de 1724 para que el astrónomo italiano Giacomo Maraldi pudiera argumentar que la corona era realmente parte del Sol, tras observar que la Luna la atravesaba durante el eclipse. La situación siguió siendo algo confusa hasta que el astrónomo vasco José Joaquín de Ferrer se trasladó a Kinderhook, al este del estado de Nueva York, para observar el eclipse del 16 de junio de 1806. Tras tomar toda clase de minuciosas medidas, dedujo que, si la corona fuera debida a la atmósfera lunar, el espesor de esta sería cincuenta veces mayor que el de la nuestra: «Una atmósfera semejante no puede pertenecer a la Luna, sino que debe pertenecer sin duda alguna al Sol», concluyó. Su argumento es sencillo e ingenioso. «Si la Luna poseyera tal atmósfera, se manifestaría en una disminución de la duración de los eclipses y de las ocultaciones» debido a la refracción de la luz solar al atravesarla horizontalmente.

Este efecto, de hecho, está muy presente en nuestro planeta. Cuando en un atardecer observamos el disco solar completo, a punto de besar la línea que separa el cielo del suelo, estamos viendo la imagen de un Sol que ya se ocultó completamente bajo el horizonte. Los rayos de luz se curvan y llegan a nuestros ojos gracias a la óptica distorsionadora de la atmósfera. Incluso es posible que veamos una imagen deforme del Sol, ya que la luz que llega a nuestros ojos, al ser horizontal, atraviesa muchos más kilómetros de capas atmosféricas, sujetas a diferencias de temperatura y densidad que provocan un aquelarre de refracciones que alteran lo que vemos. Lo tergiversan. Por eso los astrónomos procuran que sus observaciones sean lo más verticales posible y los navegantes jamás se fían de las estrellas que están a menos de veinte grados de la línea del horizonte.

Si la Luna tuviera atmósfera, la ocultación del Sol durante un eclipse tendría una configuración óptica similar, incluso aunque el fenómeno ocurriera al mediodía, sobre nuestras cabezas. Si tuviera lugar cerca del horizonte terrestre, claro está, se sumarían las distorsiones provocadas por ambas masas de aire. En una atmósfera tan extendida como la calculada por José Joaquín de Ferrer, los rayos de luz del Sol oculto se desviarían tanto al entrar como al volver a salir de la atmósfera lunar y alcanzarían a verse durante más tiempo, lo que acortaría la duración del eclipse. La esfera gaseosa haría las veces de una lente y, con el espesor determinado por De Ferrer, el efecto tendría que ser muy notorio. El hecho de que no se apreciara nada, dentro de la precisión instrumental, era una clara indicación de que debía tratarse de una atmósfera extremadamente diluida, con una densidad casi dos mil veces menor que la terrestre, según sus cálculos. «Debemos concluir que una atmósfera tan tenue no podría causar evaporación alguna», remató De Ferrer, enfatizando estas palabras.

Parece, sin embargo, querer decir lo contrario. En una atmósfera de esas características, por ejemplo, el agua se evaporaría a casi treinta grados centígrados... ¡bajo cero! Cualquier otra sustancia gaseosa en la Tierra lo sería también allí. La atmósfera lunar, pensó De Ferrer, debería estar cubierta de nubes, pero «algunas de las montañas lunares llegan hasta una milla y tres cuartos de altura, y podemos percibirlas claramente con un telescopio, que aumenta cien veces, y se observa constantemente que las manchas y desigualdades de la superficie de la Luna se ven siempre de la misma forma, de donde se deduce que no puede haber ninguna nube que cubra ni siquiera una milla de extensión». José Joaquín de Ferrer dedujo con esta deliciosa argumentación que esa diadema resplandeciente pertenecía definitivamente al Sol: «Me ha parecido que la causa de la iluminación de la Luna es la irradiación del disco solar, y esta observación puede servir para dar una idea de la extensión de la corona luminosa del Sol». Fue en esta frase, pronunciada ante la Sociedad Filosófica Americana, el 15 de agosto de 1806, cuando la corona solar recibió su nombre.

El brillo del disco solar es tan intenso que mantuvo oculta a la corona —cuyas dimensiones son mayores, pero no su resplandor— a lo largo de milenios. Durante los escasos momentos en los que el Sol se oculta tras la sombra de la Luna, emergen detalles como este que son, paradójicamente, invisibles cuando nuestra estrella está a la vista, expuesta y desnuda, alta en el cielo. En el eclipse del 15 de mayo de 1836, por ejemplo, el astrónomo inglés Francis Baily observó la fugaz aparición de puntos brillantes sobre los bordes del disco lunar cuando la ocultación empezaba a deshacerse, y concluyó que estas «perlas de Baily» se debían al paso de la luz solar a través de la orografía lunar. Joyas resplandecientes halladas al escarbar en el negro arcón de estas efímeras noches diurnas. Siestas solares que evidencian que la oscuridad puede convertirse, dócilmente, en un terreno fértil para la observación si se hacen pasar los detalles más nimios por el tamiz del intelecto.

Apología de los eclipses

El 22 de diciembre de 1870 habría un eclipse total visible desde la cuenca del Mediterráneo. El gran astrónomo francés Jules Janssen vivía en la París sitiada por las fuerzas de Guillermo I. Sus colegas ingleses le tramitaron un salvoconducto para traspasar las líneas prusianas en una expedición científica, pero Janssen lo consideró humillante, por lo que decidió escapar sobrevolando las líneas enemigas en un globo aerostático. Veinte días después llegó a Orán. El ejército prusiano no pudo impedirle ver el eclipse. Un puñado de nubes sí.

No siempre la suerte le había sido tan esquiva. Dos años antes, el 18 de agosto de 1868, observando un eclipse en la India, se dio cuenta de una componente de la luz en la corona solar que nadie había notado antes. Una componente amarilla que, como terminó de apreciar dos meses más tarde el astrónomo inglés Norman Lockyer, dejaba en evidencia la existencia de un nuevo elemento químico. Recibió el nombre de helio en honor al dios griego del Sol. El segundo elemento más abundante del universo —nacido en los primeros instantes del propio Big Bang— fue hallado, antes que en nuestro planeta, en el espacio y durante un eclipse. Con el tiempo se transformó en el más seguro y útil relleno para todo tipo de globos aerostáticos, como si la historia hubiese querido homenajear en un rapto de justicia poética el audaz escape de Janssen.

El 17 de abril de 1912, mientras en todo el mundo se seguían con angustia las últimas noticias sobre el naufragio del Titanic, el físico austríaco Victor Hess emprendió el vuelo precisamente en un globo aerostático durante un eclipse total de Sol. Con el descubrimiento de las distintas formas de radiactividad y la fabricación de los primeros detectores se había empezado a observar, con algo de sorpresa e inquietud, que la radiactividad era un fenómeno natural, omnipresente. Enseguida se apreció que muchas rocas eran fuente de esta emanación de partículas muy energéticas, y se conjeturó, razonablemente, que la radiactividad natural era el precio que pagar por vivir en un planeta rocoso. Sin embargo, en 1910, el físico alemán Theodor Wulf llevó su propio detector a la torre Eiffel y comprobó que la radiación en la parte más alta —que debía ser prácticamente nula según los cálculos basados en esa hipótesis, por estar más apartada del suelo rocoso— era casi idéntica a la medida en la base: debía haber alguna fuente de radiación externa a la Tierra. De ahí la necesidad de apelar al uso de globos aerostáticos para medir el fenómeno de la radiactividad natural a grandes alturas.

No hace falta ser demasiado agudo para, al levantar la vista al cielo y sondear posibles causantes de este extraño fenómeno, encontrar rápidamente a un presunto culpable: el Sol. Está claro que en él suceden fenómenos muy energéticos, y más claro aún es que está sobre nuestras cabezas. Los primeros vuelos de Victor Hess, elevándose a más de cinco mil metros, confirmaron que la radiación venía de arriba, desde el espacio exterior. Con notable ingenio aprovechó el eclipse de 1912 para asestar el golpe definitivo al máximo sospechoso, sin saber que esa efímera noche vespertina convertiría al perspicaz fiscal en conspicuo abogado defensor. Si la radiación medida disminuía en el momento del eclipse, estaría claro que el Sol era el culpable y la Luna oficiaba en ese momento de escudo protector.

Al comprobar que el tipo de radiación que Hess estaba midiendo no se modificaba cuando la Luna cubría al Sol, demostró de manera categórica la inocencia de nuestra estrella, que abandonó el banquillo de los acusados para sorpresa de toda la comunidad científica. Se trató de un descubrimiento trascendental que significó el inicio de la investigación de los llamados rayos cósmicos, una denominación algo equívoca para referirse a partículas muy energéticas que llegan a nuestro planeta desde confines tan remotos como otras galaxias. El mayor detector de estas partículas, por cierto, se encuentra en Argentina, en el sur de la provincia de Mendoza.

Todos los eclipses el eclipse

La predicción del momento y lugar exacto de los eclipses ha desempeñado un papel central en la contemplación del cielo y en la construcción de ese edificio majestuoso al que llamamos ciencia. Lejos de tratarse de un asunto sencillo, es un caso particular —y, por fortuna, asequible— del llamado «problema de los tres cuerpos» —el Sol, la Tierra y la Luna—, cuyos detalles ofrecen aristas más que sustanciosas. Ya sea mediante sofisticados artilugios como el mecanismo de Anticitera o a partir de la alquimia de los números, la capacidad de anticipar los eclipses ha sido la piedra de toque de cualquier forma de teoría celestial con vocación de ser tomada en serio desde hace unos tres mil años.

Los antiguos astrónomos caldeos, por ejemplo, varios siglos antes de Cristo, se dieron cuenta de que cada seis mil quinientos ochenta y cinco días —poco más de dieciocho años— se repetían los eclipses lunares, con las mismas características. Más tarde entendimos —y constatamos— que lo mismo ocurre con los eclipses solares. La comprensión del porqué de esta curiosa regularidad tuvo que esperar unos dos mil años al genio analítico de sir Isaac Newton. Esta notable cadencia, el refinado tempo de esta sinfonía de tres cuerpos, fue bautizado en 1686 por Edmond Halley como «ciclo de Saros», en homenaje a una unidad de tiempo introducida por los caldeos que correspondía a doscientos veintitrés meses lunares.

Al reducirse al alineamiento de tres cuerpos en el espacio tridimensional, los eclipses han sido una de las primeras manifestaciones explícitas de la geometría en el cielo. Los instantes precisos de cada eclipse total acaecido en la historia de nuestra especie —acaso la única que presta atención, embargada de curiosidad, a lo que sucede en el cielo— han sido jueces definitivos, magnánimos e implacables como Cronos de cualquier noción del tiempo que se haya formulado. Son acontecimientos que están a la vista de todos, patrimonio colectivo de la temporalidad terrestre.

Todas las personas tienen en su biografía algún eclipse de Sol, ya sea porque pudieron verlo o porque lamentaron habérselo perdido. Pero el eclipse entre los eclipses, aquel que quedará indisolublemente asociado a una revolución científica, fue el del 29 de mayo de 1919. Dos equipos ingleses, bajo la tutela del astrónomo real Frank Dyson, lo observaron desde Sobral, en el nordeste de Brasil, y la isla de Príncipe, en el golfo de Guinea. El equipo que se desplazó a África estaba dirigido por un famoso astrónomo inglés, Arthur Eddington, quien había rechazado el llamado a filas en las postrimerías de la Primera Guerra Mundial aduciendo su condición de cuáquero y había eludido una severa condena —acaso el paredón de fusilamiento— gracias a la intermediación de Dyson.

Desde que Einstein concluyera, en 1911, que la trayectoria de la luz debía curvarse al pasar cerca de un cuerpo masivo como una estrella, los eclipses representaban una oportunidad única para verificarlo. Era cuestión de comparar la foto del campo de estrellas que se encontraba en el cielo en el momento del eclipse con aquella obtenida de noche —es decir, unos meses antes o después—, sin que el Sol estuviera en el medio. La posición aparente de las estrellas debía alejarse del Sol, radialmente, una cantidad concreta que se podía calcular utilizando las ecuaciones de la relatividad general.

Tras los sonoros fracasos de los eclipses del 10 de octubre de 1912, en Brasil; del 21 de agosto de 1914, en Crimea; del 3 de febrero de 1916, en Venezuela, y del 8 de junio de 1918, en los Estados Unidos —la mayor parte de las veces por estar nublado; en Crimea, además, por el estallido de la Primera Guerra Mundial—, había una enorme expectación y el astrónomo real logró convencer a las autoridades británicas de la enorme relevancia de la empresa y de que Eddington era imprescindible para llevarla a cabo. Además, argumentó Dyson, era mejor castigo encomendarle una difícil misión en una isla de África, no exenta de riesgos, que el fusilamiento.

La expectativa se veía reforzada por un hecho providencial. El eclipse iba a ocurrir en la constelación de Tauro, donde se encuentra el cúmulo abierto más cercano al Sistema Solar: las Híades, esas cinco hermanas plañideras de la mitología griega que lloraban la muerte de su hermano Hiante y anunciaban la llegada de la temporada de lluvias. Son ochenta estrellas de unos 625 millones de años de edad esparcidas en una región equivalente a unas diez lunas de lado a 152 años luz de nosotros. Cinco de las quinientas estrellas que más brillan en el cielo nocturno están allí. La abundancia de estrellas fácilmente observables en la región del cielo en la que se produciría el eclipse ofrecía las condiciones propicias para poner a prueba la sorprendente predicción de Einstein: la luz de las estrellas sería desviada por la presencia del Sol en su camino hacia nosotros, y esto cambiaría su posición aparente.

Imposible hacer justicia en estas líneas a la magnitud de la aventura emprendida, contra reloj, a partir de la firma del armisticio que marcó el final de la Primera Guerra Mundial, en noviembre de 1918. Con muy pocos fondos —el Comité de Subvenciones Gubernamentales autorizó cien libras para los instrumentos y mil para todos los gastos de viaje— y reclutando técnicos a la desesperada entre los supervivientes que regresaban de los diversos frentes de batalla. Hubo que montar observatorios astronómicos provisorios en el medio de la jungla, en tiempo récord, enfrentando la hostilidad de los pobladores locales y sin posibilidades de abastecerse de cualquier material faltante.

El eclipse en Sobral tuvo lugar en horas de la mañana. Al ritmo que marcaba un tambor, se tomaron diecinueve fotos con el telescopio principal y ocho con uno auxiliar, más pequeño. En la isla de Príncipe la situación fue bastante más caótica. El eclipse empezó cinco segundos después de las dos horas y trece minutos de la tarde. Duró cinco minutos y dos segundos, a lo largo de los cuales se produjo un breve e inoportuno chaparrón, para desesperación de Eddington y de los suyos. Siguiendo el mismo procedimiento que en Sobral, se tomaron un total de dieciséis fotos. Al revelarlas, encontraron que muy pocas estaban en condiciones de ser utilizadas con fines científicos. La mayoría habían sido obtenidas con los telescopios auxiliares y no con los principales. De las trece estrellas que originalmente estaba previsto observar, hubo que conformarse con siete.

El 6 de noviembre se reunieron los dos equipos en la sede de la Royal Society de Londres y Dyson presentó los resultados ante un auditorio más que expectante. Al compararse las fotos con las obtenidas en la misma región del cielo, de noche, sin el Sol de por medio, se comprobó que la luz de las estrellas se curvaba por acción de la gravedad del Sol. La luz, en definitiva, caía, y lo hacía del modo que predecía la relatividad general. Es quizás el resultado científico que produjo el mayor impacto en la sociedad de toda la historia de la ciencia. Einstein pasó a ser una celebridad pública de la noche a la mañana.

Un cielo republicano

El eclipse entre los eclipses, como todos ellos, respeta a raja-tabla la cadencia del ciclo de Saros. Se repitió, casi idéntico a sí mismo,[10] el 8 de junio de 1937 —aconteció enteramente sobre el despoblado océano Pacífico, por lo que es un digno candidato a ser el eclipse menos visto de la historia—, el 20 de junio de 1955 —se vio en Filipinas, Tailandia y Viet-nam, y con sus más de siete minutos de duración es el más largo del milenio que va del siglo XI al XXII—, el 30 de junio de 1973 —sobre buena parte de África, fue observado tam-bién por los pasajeros de un avión supersónico Concorde que siguió la sombra de la Luna durante ¡setenta y cuatro minutos!—, el 11 de julio de 1991 —atravesó México y si-guió por Guatemala, El Salvador, Nicaragua, Costa Rica, Panamá, Colombia, Perú y Brasil— y el 22 de julio de 2009

---

10. El punto de observación terrestre no es el mismo, ya que el número de años no es exacto y, por lo tanto, la Tierra se encuentra en otra parte de su órbita. Además, el número de días tampoco es exacto —el valor preciso es seis mil quinientos ochenta y cinco días, siete ho-ras, cuarenta y dos minutos, catorce segundos y cuatro décimas— de modo que la rotación incompleta del planeta cambia el sitio en el que se posa la sombra de la Luna.

—el más largo del siglo XXI, sobrevoló parte de la India y China—.

También se pueden rastrear otros eclipses de este ciclo, conocido como Saros 136, hacia el pasado. Por ejemplo, el 25 de abril de 1865, mientras en Nueva York un multitudinario desfile de soldados acompañaba a una tropilla de enlutados caballos que tiraban de un carruaje en el que viajaba el ataúd de Abraham Lincoln, un eclipse total oscurecía los cielos del centro de Chile, Mendoza, San Luis, Córdoba, Santa Fe, Entre Ríos, Uruguay y el sur de Brasil. El eclipse solar del 8 de septiembre de 1504 también pertenece a este ciclo. Es el primero anular —lo fueron todos los del siglo XVI—, pero ni Cristóbal Colón ni presumiblemente ningún otro ser humano pudieron contemplar ese anillo de fuego en la breve noche de poco más de medio minuto, ya que solo se vio desde parajes remotos e inhóspitos del sur del océano Pacífico.

El próximo miembro de la familia del eclipse entre los eclipses ocurrirá el lunes 2 de agosto de 2027. Podrá verse en Cádiz, Málaga, Granada, Almería, Ceuta y Melilla, antes de internarse en el Magreb y pasearse por toda la costa del norte de África. Y si este libro ha sobrevivido a los avatares del tiempo y quien lee estas líneas ha nacido después del 30 de julio de 2622, he de anunciar con pesar que el eclipse parcial de ese día fue el último del ciclo. En el postrero estertor de esta distinguida familia de setenta y un eclipses, Saros 136, la Luna apenas habrá cubierto un cuatro por ciento del disco solar y solo habrá sido visible para unas pocas personas que habiten en el nordeste de Mongolia y en Yacutia, esa deshabitada república rusa cuya superficie es casi tan grande como la de India. No habrá un eclipse número setenta y dos en la saga familiar: en 2640 la sombra de la Luna penderá del aire y ya no se posará sobre el globo terráqueo.

Hay algo de providencial en todos los descubrimientos realizados a la sombra de los eclipses, y es que estos no existirán para siempre. La Luna se aleja de nuestro planeta casi cuatro centímetros por año, como un globo de helio que se escapó de la mano de un niño. Al hacerlo, su disco en el cielo se reduce y llegará el día en que su envergadura sea insuficiente para cubrir al Sol. Los eclipses de ese futuro distópico serán, como mucho, anulares.

Quizá podamos refugiarnos en el consuelo de que aún queden algunos cientos de millones de años para seguir disfrutando del peculiar privilegio de vivir en la era de los eclipses totales. Tarde o temprano, sin embargo, la noche dejará de visitar al día. La del astro rey, como todas las monarquías, se alimenta de momentos de oscuridad como los de aquellas noches efímeras. Las perlas de Baily pasarán a ser un recuerdo. La corona volverá a ser invisible. El astro rey habrá de abdicar, condenado por la huidiza Luna, y el cielo, al fin, será para siempre republicano.

6.
Una lluvia imperceptible

Abundante e imperceptible, como una tormenta muda, a todas horas caen sobre nosotros millones de partículas elementales. No hay paraguas que frene el torrente de neutrinos que atraviesa el planeta como si fuera una imagen espectral de sí mismo. Millones de ellos provienen del Sol y atraviesan cada centímetro cuadrado de nuestro cuerpo: desde arriba, de día, y desde abajo, de noche. El caudal es casi el mismo a cualquier hora. La energía cinética que la mayoría de ellos transporta apenas alcanza la milésima parte de la masa de un protón. Una garúa incesante y fina.

Otras partículas, en cambio, son mucho más energéticas y vienen de más lejos. De mucho más lejos. Llegan hasta nosotros desde otras galaxias tras viajar por el cosmos durante millones de años. Cuando iniciaron su viaje hacia la Tierra, aquí no había seres humanos. Mientras viajaban, se sucedían en nuestro planeta las diversas especies que acabaron por prohijar al *Homo sapiens*. Pero no fue hasta el 17 de abril de 1912 cuando un ejemplar de esta especie se subió a un globo aerostático durante un eclipse total y comprobó que las partículas más energéticas que se detectaban venían de arriba, pero no del Sol, y no eran producto de la radiactividad de las rocas, como se creía.

La tormenta muda

Con el tiempo entendimos que algunas de estas partículas tienen energías descomunales, diez billones de veces la de los neutrinos solares. Un millón de veces más que los protones del acelerador de partículas más grande del mundo, el Gran Colisionador de Hadrones. Sabemos que han de tener carga eléctrica. De otro modo sería inexplicable que existiera un mecanismo capaz de acelerarlas e imprimirles semejante ímpetu. Y muy probablemente se trate de aquellas partículas, dentro del bestiario conocido, que son estables y pueden resistir intactas un viaje tan largo: acaso protones o núcleos de hierro. Estos violentos proyectiles no llegan a impactarnos. La atmósfera, ese manto invisible que envuelve al planeta, nos protege como si se tratara de un sofisticado paraguas.

Cuando una de estas partículas se adentra en nuestra atmósfera, se lleva por delante todo lo que encuentra a su paso. Arranca electrones de los átomos que forman el aire y los ioniza. Un efecto dominó que se propaga desde las capas más altas hacia la superficie terrestre como una ducha, y se ensancha en el camino. Cuanto más energética sea la partícula, mayor la superficie terrestre salpicada.[11] Las más energéticas y, por lo tanto, enigmáticas pueden salpicar superficies de varios kilómetros cuadrados.

¿Qué clase de mecanismos existen en el cosmos capaces de dotar de energías tan enormes a estas partículas? Todavía no lo sabemos. Son, de hecho, varios los misterios que estas partículas traen consigo. Al viajar a través del espacio intergaláctico, por ejemplo, las leyes de la mecánica cuántica establecen taxativamente cómo el proyectil pierde energía por su interacción con dos sustancias omnipresentes en el cosmos: el vacío y el fondo cósmico de microondas (CMB). Y es que el vacío cuántico no es un terreno yermo, sino más bien una sustancia: el principio de incertidumbre de Heisenberg lo condena a estar siempre habitado por los llamados campos cuánticos. El CMB, por su parte, que no es otra cosa que la luz emitida en el universo primigenio, es un gran caldo de fotones que pueden verse desde cualquier lugar y, por lo tanto, pueblan la totalidad del espacio.

La partícula viajera interactúa con estas sustancias y, con una cierta probabilidad, puede emplear parte de su energía en crear nuevas partículas o, sencillamente, perderla a favor de estos fotones. Es oportuno señalar que vivimos en un universo luminoso, ¡literalmente luminoso!, en el que hay

---

11. También cuanto más horizontal sea su incidencia: una partícula que venga desde la dirección del horizonte geográfico recorrerá más atmósfera y, por lo tanto, producirá una cascada más ancha que si arribara verticalmente desde el cénit.

unos mil millones de fotones por cada protón o cada electrón. Y aunque parezca increíble, esa luz tan abundante es fundamentalmente la del CMB. La totalidad de la luz emitida por el cuatrillón de estrellas que pueblan el cielo, a pesar de ser el grueso de lo que nuestros ojos pueden mirar, es irrelevante en términos comparativos.

De modo que nuestra partícula viajera se encuentra con una multitud de fotones a su paso y, al ser su interacción un fenómeno probabilístico, la pérdida de energía será mayor cuanto más largo el camino recorrido. Si viene de otra galaxia, las enormes distancias de al menos millones de años luz ponen una cota a la energía con la que podría llegar a la Tierra. De esto se dieron cuenta, en 1966, Kenneth Greisen, Georgy Zatsepin y Vadim Kuzmin, en cuyo honor se llamó a ese valor límite la cota GZK. Si llegara una partícula con una energía mayor, debería provenir de nuestra galaxia y podríamos determinar, en principio, el astro que le dio origen. Lo cierto es que no ha sido así: hemos observado rayos cósmicos cuya energía está por encima de la cota GZK y no parecen provenir de la Vía Láctea. Ya lo dijimos antes: son muchas las preguntas generadas por esta lluvia invisible que de momento no tienen una respuesta bien establecida.

El gran ojo patagónico

Podemos ver la cascada de partículas afectadas por la solitaria viajera del cosmos que provocó la ducha en la atmósfera usando las llamadas cámaras de niebla, dispositivos que se pueden fabricar en casa con poco más que alcohol y hielo seco. El fenómeno es más familiar de lo que pueda parecer en un principio: lo mismo ocurre con los aviones cuando dejan una traza de gotas de agua a su paso, esas hipnóticas líneas de vapor que subrayan el cielo diurno y delatan su trayectoria. Pero la única manera de saber que estas trazas provienen de una única partícula extremadamente energética es desplegar detectores en grandes superficies. Hay, de hecho, otro contratiempo que debemos tener en cuenta: la cadencia de estos eventos. En cada kilómetro cuadrado de la superficie terrestre impacta una de estas partículas... ¡por siglo!

Necesitamos desplegar detectores a lo largo de cien kilómetros cuadrados si queremos observar una al año. El tamaño de una gran ciudad. Precisamos treinta y seis veces más superficie si la impaciencia nos lleva a querer observar una cada diez días. Y eso es lo que se propuso James Cronin, premio nobel de física en 1980 por descubrir —junto al también estadounidense Val Fitch—, que la desintegración de ciertas partículas cuya vida es mucho menos que efímera deja al desnudo un universo sutilmente asimétrico. Cronin se propuso liderar la quijotesca empresa de detectar y caracterizar esas partículas en extremo energéticas que nos llegan desde remotos confines del cosmos, llamadas, por razones históricas y algo equívocas, rayos cósmicos.

Para ello había que desplegar más de mil seiscientos tanques llenos de doce toneladas de agua pura a lo largo de tres mil kilómetros cuadrados. Cada uno de ellos debía estar provisto con una electrónica sofisticada que le permitiera no solo ver alguna partícula de la cascada, sino registrar el instante preciso en el que fuera observada y comunicarlo a una central de cómputo para discernir cuántos detectores fueron salpicados por la ducha y en qué orden cronológico. Esto último era imprescindible para inferir la dirección de arribo de la partícula causante de la cascada. Todo esto, claro está, sin cables: con un sistema de diligentes celdas solares y antenas.

La lista de dificultades técnicas que atentaban contra el buen funcionamiento de esta red de detectores fue larguísima. Con ingenio y determinación, con mucho trabajo y talento, este gigantesco laboratorio fue desplegado en la Patagonia argentina, un territorio ideal por ser bastante plano e inhóspito, yacer bajo una atmósfera prístina y estar poco habitado. Esto último fue esencial para poder ubicar los tanques en un área tan vasta, formando una ordenada red en la que cada par estuviera separado por un kilómetro y medio de terreno rústico y de difícil tránsito.

Así nació el Observatorio Pierre Auger, un enorme ojo patagónico con la mirada puesta en el cielo. Recuerda al cuadro *Ojos sobre la mesa* de la pintora surrealista Remedios Varo, que imaginó la posibilidad de emancipar la mirada del yugo de las órbitas oculares. La impronta de lo que se ve acontece en la atmósfera, pero lo observado habita rincones increíblemente lejanos del cosmos. Tal como la imagen de la distante Luna se forma en la retina tras atravesar la córnea, la de algún remoto astro lo acaba haciendo en la superficie terrestre luego de cruzar la atmósfera. Los tanques de agua de Auger, en cierto sentido, hacen las veces de conos y bastones; las comunicaciones inalámbricas, de nervio óptico, y el centro de cómputos, de cerebro. El anhelo de mirar el cielo sin perder ningún detalle nos ha llevado a la insólita aventura de esparcir ojos como semillas.

El retrato imposible

La energía de la partícula que da lugar a la cascada, ese guijarro escondido en la lluvia pertinaz de neutrinos, puede ser determinada de dos maneras muy diferentes. Reconstruyéndola a partir de la que se deposita en cada uno de los tanques rociados por la ducha o a través de la observación directa de la fluorescencia producida en la atmósfera por el paso de la propia cascada, al interactuar estas partículas con el nitrógeno del aire. Para poder hacer esto último, cuatro detectores se erigen como centinelas desde promontorios altos en el perímetro del campo de detectores. Con un sistema de espejos que enfocan y recogen toda la luz disponible —cuando las condiciones atmosféricas lo permiten—, estos vigías son capaces de ver el aire encenderse a decenas de kilómetros, como si se tratara de una gigantesca y pálida bombilla incandescente, con una tenue luminosidad que apenas alcanza los cuatro vatios de potencia.

Sabemos que nuestro planeta es un enorme imán con sus polos magnéticos instalados cerca de los polos geográficos. Podemos constatarlo con una simple brújula o, más espectacularmente, contemplando la explosión de colores que se produce en una aurora boreal. Pero lo cierto es que los campos magnéticos son omnipresentes en la vecindad galáctica. Y una partícula cargada desvía su rumbo en presencia de estos campos, en mayor medida cuanto menor sea su velocidad.

Cuando intentamos utilizar la secuencia en la que los diferentes tanques van detectando las partículas que se zambullen en su interior con el fin de determinar la dirección de procedencia del guijarro original, estamos supeditados a la azarosa sinuosidad de la trayectoria a la que lo condenan los campos magnéticos. A menos que la energía de la partícula incidente sea tan colosalmente inmensa que —dado lo arduo que resulta torcer el rumbo de un cuerpo en esas condiciones— el efecto de estos resulte desdeñable. Y son esas partículas de altísima energía las más enigmáticas y, por lo tanto, las que más interés científico despiertan.

Tras dos décadas escudriñando los cielos, el Observatorio Pierre Auger ha podido determinar categóricamente que los rayos cósmicos de mayor energía provienen de otras galaxias. Mensajeros del cosmos que recorren distancias siderales antes de encontrarse con la densidad de nuestra atmósfera y liberar toda su energía rociando la superficie terrestre como un fluorescente aspersor. Parte de la red de tanques desplegada en las inmediaciones de la localidad de Malargüe se enciende al paso de la cascada, y la secuencia exacta en la que esto ocurre da cuenta bastante precisa de la dirección de llegada. El hecho de que su energía sea colosal hace a estas partículas relativamente inmunes a los campos magnéticos intergalácticos y de la Vía Láctea, de modo que su dirección de llegada puede ser utilizada para delatar su lugar de origen, en línea recta.

La curiosidad de nuestra especie es ilimitada. Apenas entendimos que la luz era mucho más que aquello que podíamos ver, en el siglo XIX, nos arrojamos a la aventura de fabricar ojos artificiales que fueran sensibles al infrarrojo y al ultravioleta, a las ondas de radio, las microondas, los rayos X y los rayos gamma. Una multitud de fenómenos dejaron de ser invisibles y, de ese modo, inimaginable previamente, salieron a la luz aspectos tan importantes como la existencia del fondo cósmico de microondas y la expansión del universo, entre muchos otros, así como descubrimos nuevas criaturas que pueblan los cielos, desde los agujeros negros hasta las estrellas de neutrones.

Y un siglo más tarde, tan pronto comprendimos que el tejido espacio-temporal podía sacudirse y estas vibraciones propagarse a enormes distancias y a la velocidad de la luz, empezamos a pensar de qué manera podríamos detectar este bramido casi inaudible. Y lo conseguimos. El 14 de septiembre de 2015 los dos observatorios de interferometría láser LIGO detectaron el paso de una onda gravitacional producida por la fusión de dos agujeros negros a más de mil millones de años luz de la Tierra.

Desde entonces, en menos de una década, hemos ampliado la red de detectores incorporando los observatorios VIRGO, en las cercanías de Pisa, y KAGRA, en Japón, lo que ha permitido detectar más de trescientos eventos adicionales. Lentamente, pero sin pausa, esta nueva manera de mirar el cielo con enormes interferómetros nos ha llevado a la «observación» casi rutinaria de ondas gravitacionales cuyo estudio nos permitirá comprender una multitud de fenómenos que acontecen allí arriba sin que sea necesaria ninguna emisión detectable de luz.

Pero volvamos a nuestra fina y delicada lluvia de rayos cósmicos. El 3 de noviembre de 2022 conseguimos un nuevo hito en la contemplación del cielo y el protagonista fue otro de esos raros ojos desplegados por el ser humano sobre la superficie terrestre. En el Polo Sur, enterrado mil cuatrocientos cincuenta metros bajo la superficie, un cubo de hielo de un kilómetro de lado es utilizado para detectar elusivos neutrinos de muy alta energía. De los millones de neutrinos que llegan del espacio, unos pocos dejan una traza fruto de su interacción con algunos de los cinco mil ciento sesenta módulos ópticos digitales que cuelgan de ochenta y seis cables que atraviesan un estrecho canal de un kilómetro perforado en el hielo. Vistos «desde el cielo», los cables forman un patrón hexagonal separados entre ellos ciento veinticinco metros.

En la constelación de la Ballena, a 47 millones de años luz de la Tierra, se encuentra la galaxia espiral M77, descubierta en el siglo XVIII. El observatorio IceCube detectó en 2022 un exceso de algunas decenas de neutrinos muy energéticos —además de los que se observan en todas las direcciones y que se originan en reacciones que tienen lugar en la atmósfera—, provenientes exactamente de las coordenadas celestes de esa galaxia. Esto permitió confirmar la existencia de un agujero negro supermasivo activo en el centro de M77, pese a que la abundante cantidad de polvo impide la observación directa.

Este hito completó una increíble hazaña en la exploración del cielo. Los agujeros negros pasaron de ser astros conjeturales en el siglo xx a convertirse en los únicos objetos celestes que han podido ser observados mediante la emisión de luz, ondas gravitacionales y neutrinos. Las tres vías independientes y diferentes de mirar el cielo nos han permitido confirmar categóricamente la existencia de agujeros negros en el siglo xxi.

Estando sumergidos en un vasto océano de ondas electromagnéticas y gravitacionales, es casi un milagro que no nos fuera ajeno el orvallo apenas perceptible que cae sobre nosotros sin mojarnos. Una multitud de partículas subatómicas, mensajeras impenitentes del cosmos, a las que la providencia puso en el camino un planeta rocoso que interrumpió abruptamente su viaje. Les queda el consuelo de saber que la travesía no fue en vano. Que habitan allí simpáticos seres, indiscretos y curiosos, que, levantando la vista al cielo, han recibido ese antiguo recado venido de tan lejos. Aunque llegara encriptado en una sutil lluvia imperceptible.

7.
Litio en las entrañas

Apenas habían transcurrido cinco minutos desde su nacimiento. Pese a su corta edad, el universo ya había experimentado toda clase de andanzas. La materia había prevalecido sobre la antimateria, un ingente número de neutrinos habían sido liberados y los inestables neutrones habían frenado la sangría de sus desintegraciones encontrando refugio en los brazos de algún protón cercano, forjando así los muy estables núcleos de deuterio.

La temperatura rondaba los mil millones de grados y el universo era un amasijo caliente de partículas elementales y luz que no podía ejercer de sí misma, incapaz de abrirse paso a través del caldo primordial. Por cada mil millones de protones había por ahí de incógnito algún núcleo de litio, el elemento metálico más antiguo y el más pesado de ese universo naciente: tres protones y tres o cuatro neutrones —a estos dos isótopos se los denomina ^6Li y ^7Li respectivamente— confortablemente unidos.

El litio tiene tres electrones. Dos completan la primera de las capas de cebolla que son los orbitales atómicos. El tercero, solitario en la segunda, no encuentra mayores razones para aferrarse al núcleo; el coste energético de su extracción es mínimo. Para colmo, aunque el núcleo del átomo de litio sea estable, la ligadura entre sus protones y neutrones es pequeña. El litio es un elemento trágico y paradojal: como si le avergonzara ser el primer metal y tener la fortuna de ser estable, ofrece dócil sus partes para convertirse en otra cosa. Esta es la razón última por la que, en un universo que suele favorecer la abundancia de lo simple, el litio es un elemento relativamente escaso. Representa el 0,002 % del material que constituye la corteza terrestre.

Su descubrimiento fue insólitamente tardío, cuando ya se conocían casi cincuenta elementos de la —todavía inexistente— tabla periódica. Su presencia en una mina de la isla sueca de Utö fue identificada en 1817 por Johan August Arfwedson, tatarabuelo del premio nobel de química Tomas Lindahl. Aunque sus propiedades químicas eran similares a las del sodio y el potasio, el litio fue encontrado en una roca, por lo que su nombre derivó del vocablo griego *lithos*, que significa 'piedra'.

Poco antes de este descubrimiento tuvo lugar otro que acabaría cruzando caminos un siglo y medio más tarde, así de caprichosos son los senderos de la exploración científica. En 1780, Luigi Galvani diseccionaba una rana sujeta de un gancho de latón cuando introdujo el escalpelo en una de sus patas y esta se contrajo. Lo llamó «electricidad animal» contra la opinión de Alessandro Volta, quien creía que la clave no residía en el anfibio, sino en tener dos metales en contacto a través de un material húmedo. Tras numerosos intentos, en efecto, Volta acabó inventando la primera batería: una sucesión de discos intercalados de cobre y zinc separados por un fieltro empapado en salmuera. Su invento tuvo un impacto enorme y permitió el florecimiento del electromagnetismo en el siglo xix.

Si bien la pila voltaica fue evolucionando, su fundamento fue siempre el mismo: dos metales diferentes, uno de ellos deseoso de entregar electrones y el otro ávido por recibirlos, embebidos en una solución que permite disolver los iones formados en el intercambio electrónico y cuya acumulación atentaría contra su funcionamiento. Hasta hace un siglo la mayoría de los vehículos se alimentaban con estas baterías. La aparición del económico Ford T, que funcionaba con gasolina, fue el inicio del declive de estos coches que desaparecieron del mapa a mediados de la década de los cuarenta. El peso y el tamaño de las baterías, debido a los materiales utilizados y a su reducida capacidad de almacenamiento, terminaron siendo un lastre.

La solución ideal era utilizar el más liviano de los metales, que, para colmo, tiene la mayor tendencia a perder electrones. Darle al litio el lugar preponderante que se le reservaba desde el inicio de los tiempos. Aunque no hayamos explorado la totalidad del cielo, la universalidad de las leyes de la química nos garantiza que no existe ni existirá en ningún rincón del cosmos un elemento con mejores condiciones para habitar el corazón de una batería.

Las dificultades tecnológicas, sin embargo, fueron enormes. El litio es muy reactivo y, con facilidad, explosivo, de ahí que en los aviones esté prohibido enviar dispositivos con baterías de este metal dentro del equipaje, y se nos pida que tengamos siempre a la vista aquellos que carguemos en la cabina. John Goodenough, Stanley Whittingham y Akira Yoshino pasaron unos días en Estocolmo en 2019 para recibir el premio Nobel de Química por haberlas resuelto.

Las baterías de litio fueron una revolución tecnológica. Sin ellas no serían posibles los dispositivos móviles que hoy inundan nuestras vidas. Puede que sea el litio el elemento con mayor impacto sobre la humanidad en relación con su insignificante abundancia. Su fragilidad sería razón suficiente para que ya hubiese desaparecido toda traza de su existencia si no fuera porque es generado en el espacio por el choque violento de núcleos de carbono, oxígeno o nitrógeno con los omnipresentes protones. También se genera en el interior de estrellas pequeñas, aunque en menor proporción.

Una manera ingeniosa de utilizar la observación del cielo para afinar la contrastación experimental de diversas teorías físicas consiste en estudiar la abundancia del litio en galaxias muy antiguas, en galaxias cercanas y en estrellas de la Vía Láctea. No olvidemos que en el cielo todo es pasado y la distancia a nosotros es una medida de antigüedad. Cuando observamos las galaxias más viejas —con la ayuda del recientemente puesto en órbita James Webb Space Telescope—, por ejemplo, el material del que están hechas sus estrellas tiene que ser necesariamente aquel que resultó de la nucleosíntesis primordial: hidrógeno y helio, principalmente, y unas ligeras trazas de pocas partes por diez mil millones de litio y berilio.

Las primeras estrellas no tenían otro material a su disposición, de modo que la predicción de la abundancia de litio en la teoría de la nucleosíntesis primordial debería coincidir con la que se observa en esas galaxias. Y no es así. Las observaciones indican que hay aproximadamente un tercio del litio que debería encontrarse. El problema es aún mayor.

Es posible analizar el espectro de luz de esas galaxias y discriminar entre los dos isótopos del litio, ^{6}Li y ^{7}Li. El segundo es más abundante, entre otras cosas porque el berilio es radiactivo y se convierte en ^{7}Li. El déficit, sin embargo, se encuentra en los dos isótopos y también en la proporción entre ambos. Algunas estrellas de galaxias más jóvenes, en cambio, parecen tener un exceso de litio. Se especula con que el problema esté en un error sistemático de las observaciones, por la manera en la que se realizan, pero lo cierto es que a día de hoy es un problema abierto.

Más temprano que tarde, por escasez de combustibles fósiles o por urgencias ambientales, los coches volverán a ser eléctricos y el litio valdrá su peso en oro. Quiso el destino que, al forjarse nuestro planeta a partir de trillones de toneladas de polvo cósmico, se formaran grumos especialmente abundantes en litio en regiones que más tarde se conocerían como Chile, Bolivia y Argentina. Quiso, además, que estos quedaran casi a flor de piel, envueltos en la salmuera de los salares de Atacama, Uyuni y la Puna. Los caprichos del azar hicieron que quienes habitan esas tierras se encontraran viviendo sobre un suelo metálico que habría de despertar la codicia de otros humanos nacidos sobre otros suelos, o la de yernos de dictadores de infausto recuerdo nacidos en el propio.

Agitan cada tanto las calles de Chile, Bolivia y Argentina conflictos populares de difícil diagnóstico. Una primera exploración clínica arroja, sin embargo, un síntoma en común que debería ser atendido: padecen de litio en las entrañas.

8.
Fly Me to the Moon

Hay voces que, al apagarse, nos dejan huérfanos. En el coro polifónico que inunda la esfera pública internacional, una multiplicidad de cascotes informes de ruido y furia, las voces singulares y originales son trágicamente insustituibles. El 14 de marzo de 2018 dejó de escucharse la de Stephen William Hawking, y el silencio, hasta nuestros días, sigue siendo ensordecedor.

Hawking 70

Stephen Hawking comenzaba su doctorado en la Universidad de Cambridge cuando, a los veintiún años, se le diagnosticó una esclerosis lateral amiotrófica. La esperanza de vida era de apenas un par de años. Hace una década, en enero de 2012, viajé a Cambridge desde Buenos Aires para su cumpleaños número setenta. Medio siglo de sobrevida que lo consolidó como uno de los físicos más relevantes de la segunda mitad del siglo xx, un icono dentro y fuera del mundo académico, algo que solo ocurrió con Albert Einstein y Richard Feynman.

Para celebrar su cumpleaños, se organizaron dos eventos, uno científico en el Centro de Estudios Matemáticos y otro de divulgación en el Lady Mitchell Hall, el auditorio habitual de los grandes actos en Cambridge, entre el cinco y el ocho de enero. Este último día, aniversario también del fallecimiento de Galileo, a la noche tuvo lugar una cena de celebración en el Trinity College, el más famoso de esta universidad, al que estuvieron ligados más de treinta premios nobeles y figuras legendarias como lord Byron, Vladimir Nabokov, Bertrand Russell o Ludwig Wittgenstein. Si bien Hawking era miembro del Gonville and Caius College, lord Martin Rees, astrónomo real y presidente del Trinity, decidió ejercer de anfitrión en la fiesta de su amigo y colega.

Cerca de doscientas cincuenta personas recibimos la tarjeta de invitación. El protocolo ordenaba un riguroso *black tie*, que no es otra cosa que el *smoking*. Con previsible puntualidad británica, a las siete y media se repartió una copa a los invitados que iban llegando. Entre ellos lord Rees; el matemático Shing-Tung Yau, ganador de la medalla Fields; los premios nobeles de física Saul Perlmutter y Frank Wilczek; el desarrollador de videojuegos y turista espacial Richard Garriott, quien llevó a la Estación Espacial Internacional los libros que escribió Hawking con su hija Lucy; el magnate londinense sir Richard Branson, dueño del grupo Virgin, quien se comprometió —y no llegó a cumplir su promesa— a llevar al cumpleañero al espacio exterior; el magnate húngaro y dos veces turista espacial Charles Simonyi; la actriz y modelo inglesa Lily Cole, y el actor Daniel Craig, quien no lucía para nada extraño vistiendo como su *alter ego*, James Bond. También asistieron algunos amigos de Stephen Hawking, su madre, sus hijos Lucy y Tim, todos sus discípulos y un puñado de colegas. El sonido de un gong indicó, a las ocho exactas, que ya era tiempo de pasar al salón principal.

Un enorme cuadro de Enrique VIII preside el comedor del Trinity College. Su majestuosidad queda realzada por la oscuridad del salón, apenas iluminado por un conjunto de candelabros de tres gruesas velas, dispuestas regularmente en las cuatro mesas de invitados y las dos *high tables* o mesas principales. Esa distribución se remonta al Medievo, cuando las autoridades se sentaban ofreciendo la posibilidad de ser vistas por cada uno de los comensales. En las paredes laterales, cuadros de época que devuelven al presente a destacados antiguos miembros del College, entre ellos un imponente Newton, cuya prestancia le habría costado cara de haber coincidido con Enrique VIII. Un segundo gong llamó a los invitados a sentarse para dar inicio a la cena de cumpleaños.

Faltaba el homenajeado y su ausencia era, al igual que hoy, la forma más amarga y poderosa de estar allí. Su conexión con el mundo exterior ya era débil, por momentos casi nula, y en esas condiciones de salud su equipo médico le recomendó quedarse en casa, en donde podría seguir las imágenes de la fiesta que llegaban desde el imponente Gran Salón mediante un sofisticado sistema de videoconferencia. La conversación en todas las mesas giraba en torno a él. No había quien no tuviera alguna anécdota que devolviera retazos de su carácter terco, agudo, brillante y con un sentido del humor muy británico.

Todos afirmaban que su amor incondicional por la vida era el de un sobreviviente; el de alguien que sabe que el final puede llegar en cualquier momento. Yo aporté recuerdos de su visita a Santiago de Compostela, en 2008, cuando viajó a Galicia para recibir el Premio Fonseca. Tenía una intensa agenda de actividades, motivo por el cual me había pedido tener un día completamente libre. Todos esperábamos que esa jornada la pasara en el hotel, reponiéndose y preparando las charlas que tendría que dar. Pero no. Cuando los periodistas intentaron localizarlo y en el hotel les dijeron que no estaba allí, durante varias horas su paradero fue una incógnita para todos. Luego supe que se había ido a Noia a contemplar la belleza natural de las rías gallegas y degustar una oportuna selección de mariscos acompañados de un vino albariño.

Antes de cantar el cumpleaños feliz, su hijo menor, Tim, se dirigió a los presentes para agradecer la magnífica velada. Compartió la dificultad que para él representó tener un padre condicionado por una enfermedad tan incapacitante y constantemente sometido al asedio periodístico y a la demanda académica. Un padre al que, por lo que contó, jamás había podido derrotar en los juegos de mesa.

La sobremesa tuvo lugar en el Master's Lodge, por expresa invitación de lord Rees. La elegancia de la estancia era sobrecogedora. Cuadros valiosos que incluyen uno de Isaac Newton joven, un piano de cola, sillones y alfombras fueron el marco perfecto para compartir una última copa de Oporto, vino tan afecto al paladar de los ingleses desde que lo inventaran a mediados del siglo XVII.

El patio interno del Trinity College se ofrecía tras la fiesta sin la presencia de los pintorescos hombres del bombín que ejercen de porteros y vigilantes. Lo dejé atrás en dirección al King's College, el favorito de Enrique VIII. Mientras caminaba agitado por el empedrado helado de Cambridge, la luz de los faroles se enredaba en las volutas de vapor que desde mi boca se fundían en la bruma. Al llegar a la esquina de la calle Bene't, a pocos metros del pub The Eagle, en el que Francis Crick anunció al mundo el descubrimiento de la estructura de la molécula de ADN, no pude evitar detenerme frente al reloj del College Corpus Christi, una sofisticada pieza mecánica en la que un grillo se devora un tiempo que transcurre, por momentos de manera errática, sin agujas. El propio Hawking lo había inaugurado años atrás. En ese momento, mientras el grillo mantenía el mismo apetito que el día de su estreno, no pude evitar pensar que era ese paso del tiempo, ineluctable, el responsable de que hubieran llegado sus setenta años.

El cielo oscuro, desangelado, en el silencio de esa madrugada de domingo, era el marco ideal para la introspección. Ese cielo oscuro que, sin necesidad de telescopios, Stephen

William Hawking, prisionero en la celda de su cuerpo, convirtió en su patio de juegos más preciado.

Farewell

Cuando se desató el azote de la pandemia, muchos recordamos la infinidad de veces que Hawking anunció su llegada inexorable. No fue, por supuesto, el único que lo advirtió, pero sí quien lo hizo de manera más persistente. Su propio cuerpo era para él, imagino, la evidencia más inmediata de nuestra fragilidad biológica. Su extraordinario intelecto, al mismo tiempo, la de la portentosa e inexplicable capacidad humana de albergar el cosmos en el interior del cráneo, de imaginar toda clase de futuros, proyectar hasta el último atisbo de esperanza y concebir universos posibles o imposibles.

Además de privarse de ver al mundo acorralado por un virus, Stephen Hawking se perdió por unos pocos meses la primera fotografía de un agujero negro. La luz plasmada en una imagen que desde su publicación ya es icónica viajó por el espacio casi cincuenta y cinco millones de años. Salió del corazón de la galaxia M87 cuando se estaba formando la cordillera del Himalaya y llegó a los radiotelescopios terrestres cuando Hawking aún vivía, pero la extraordinaria complejidad de su procesamiento impidió que pudiera disfrutarla. Mucho menos, claro, pudo contemplar el retrato de Sagitario A*, el gigante invisible que vive en el centro de la

Vía Láctea con una masa de más de cuatro millones de soles. Nadie merecía más que él tener el privilegio de ver esas imágenes. Sus contribuciones a la teoría de la relatividad general fueron portentosas, e iluminaron problemas tan importantes como el inicio del espacio y el tiempo, la formación de estructura a gran escala en el universo y, justamente, el comportamiento de las criaturas más enigmáticas que pueblan nuestros cielos: los agujeros negros.

Tampoco pudo ver el espectacular aterrizaje de Perseverance en Marte, ni el insólito vuelo del helicóptero explorador Ingenuity en su tenue atmósfera, ni el cinematográfico lanzamiento y despliegue espacial del telescopio James Webb, que está revelando la existencia de galaxias casi tan viejas como el propio universo y que pronto nos permitirá ver cómo nacieron las primeras estrellas. En todos estos eventos se habría escuchado la metálica voz de Hawking haciendo declaraciones que acabarían por contagiarnos su desbordante entusiasmo por todo lo que sucede sobre nuestras cabezas y en el interior de la suya.

«Recuerden mirar hacia arriba, a las estrellas, y no hacia abajo, a sus pies», dijo en un pequeño discurso el día de su cumpleaños. De modo que no sé qué habría pensado de la cansina película *Don't Look Up*. Creo que nos recordaría que mirar hacia arriba es ver el pasado. Allá en los cielos están las imágenes del nacimiento del cosmos, de otras galaxias que nos permiten dimensionar la nuestra y de otras estrellas que son de la estirpe de nuestro Sol. Mirando hacia arriba contemplamos la tumultuosa coreografía de supernovas, agujeros negros y cuásares que sazonaron con carbono, oxígeno y nitrógeno una mezcla fundente de hidrógeno para convertirla en materia viva.

De esa materia pudo resultar la alquimia de un ser genial, provocador, divertido, desafiante, tenaz, batallador, juguetón y mordaz como Stephen Hawking. Capaz de conjugar con naturalidad la tradicional flema británica y el humor zafio de la industria del entretenimiento estadounidense. Y si bien, como ocurre con muchos grandes hombres y mujeres de la cultura entregados en cuerpo y alma a su obra, quizá no sobresalían en él los gestos públicos de ternura, compasión, amor o empatía, tuve la fortuna de poder ser testigo de ellos en las distancias cortas.

La dignidad de su desigual combate contra la esclerosis lateral amiotrófica fue una de las mayores gestas que el frágil Eros haya protagonizado jamás frente a la perversidad proverbial de Thánatos. Su denodada lucha diaria contra una adversidad imposible de imaginar para quien no la haya visto de cerca o padecido es la victoria suprema del hedonismo sobre la autocompasión. Solo claudicó ante el peso de la guadaña, la sentencia inapelable de la parca, que significativamente llegó el día del cumpleaños de su admirado Albert Einstein; una fecha tan señalada que es difícil descartar la idea de que haya sido elegida por él. Esperó con dignidad el jaque mate sin inclinar jamás, ni siquiera cuando parecía acorralado, su rey sobre el tablero.

A pesar de su desdén por lo divino, Hawking fue un devoto de las grandes instituciones británicas, por lo que dejó estipulada su autorización para ser velado en la iglesia de Santa María La Grande, como todos los profesores excelsos de Cambridge. Esa fue la última vez que viajé a esta ciudad para visitarlo. La austera ceremonia de su funeral transcurrió en un silencio cuya textura era más de unción que de protocolario respeto. Tuvo detalles probablemente previstos y planificados por él, pinceladas de sus gustos musicales y de su humor sardónico.

Tras recordarnos que Hawking no creía en que hubiera nada más allá de la muerte, Martin Rees leyó con emocionada delicadeza la apología que Platón escribió sobre la muerte de Sócrates, y que tan bien se adecuaba a un espíritu curioso y explorador como el suyo: «Pero si la muerte fuese un viaje hacia otra parte y allí, como dicen los hombres, habitasen todos los muertos, ¿qué bien, oh, mis amigos y jueces, puede ser más preciado que este? ¿Qué no daría un hombre si pudiese conversar con Orfeo y Museo, Hesíodo y Homero? Si esto es verdad, déjenme morir una y otra vez. Sobre todo porque, entonces, sería capaz de continuar mi procura del conocimiento verdadero y falso; como lo hice en este mundo, así en el próximo».

Cuando todo parecía haber finalizado y el mutismo sepulcral empezaba a deshilacharse con el salpicado crujir de los bancos de madera, indicando la disposición de los presentes a emprender la retirada, se sentó al piano un reverendo ataviado como si saliera de las páginas de *El nombre de la rosa*. Se acomodó la larga capa ceremonial, respiró hondo y, cuando se esperaba el triste sonido de algún réquiem, acompañando el vuelo definitivo de un Stephen Hawking finalmente liberado de la prisión de su cuerpo, comenzó a tocar con aires festivos *Fly Me to the Moon*.

No estaba Frank Sinatra para cantarla, pero su voz muda sonó de memoria en la cabeza de todos. Y la risa granuja de Stephen, sus vivaces ojos pícaros, se proyectaron para siempre en ese cielo polisémico que con tanto ardor nos enseñó a mirar.

9

Lorian, el primer hombre

A principios de mayo de 2011 me vino a ver al despacho el físico gallego Jorge Mira: «No olvides que tenemos pendiente el asunto Fonseca». Se refería al premio Fonseca —instituido pocos años antes por él en la Universidad de Santiago de Compostela y que había sido obtenido en sus primeras tres ediciones por Stephen Hawking, James Lovelock y David Attenborough—. Yo era miembro del jurado ese año.

Habíamos barajado muchos nombres ilustres, pero algo parecía inquietarlo. «Creo que ya te conté que, cuando establecimos el premio, tuvimos el cuidado de redactar las bases de modo que incluyeran a personas que fueran referentes públicos de la ciencia o la tecnología», me dijo. Asentí con alguna interjección, justo a tiempo para que Jorge expresara el motivo de su inquietud: «Pensaba en alguien como Neil Armstrong». Tras decirle que sí, que ya me lo había comentado, agregó: «Ya sé que es imposible, por lo que estaba pensando en Buzz Aldrin».

El 20 de julio de 1969, en uno de los mayores hitos de la historia de nuestra especie, el módulo lunar Eagle de la misión Apolo 11, comandado por Neil Armstrong con la asistencia de navegación de Edwin Buzz Aldrin, se posó sobre la superficie de la Luna en el llamado Mar de la Tranquilidad. Ese día dejamos de mirar el cielo, aunque fuera por unas horas, para adentrarnos en él. La Luna dejó de ser tan solo una luminaria que decora el firmamento para convertirse en un cuerpo celeste al que podemos visitar. La exploración del cielo, a partir de ese momento, adquirió una nueva dimensión. La humanidad abandonó la contemplación pasiva del escenario de las tragedias de la antigua Grecia y tomó por asalto el proscenio. Se subió por unos instantes a ese potro salvaje capaz de eclipsar al Sol y soñó con poder domesticarlo.

«¿Imposible? ¿Por qué? El palmarés es suficientemente contundente como para que se muestre interesado», atiné a decir, pero Jorge fue tajante: «Es imposible contactarle, está totalmente alejado de la esfera pública, en cambio Buzz...». Ver el sitio web de Aldrin y su impronta comercial, acentuada por la presencia de una colorida e irritante Space Shop, no fue precisamente estimulante. El cambalache con el que nos encontramos estaba demasiado distante de la inspiradora épica de la conquista del cielo. Si Armstrong se apartó de la escena pública y decidió vivir con discreción el resto de su vida, Aldrin optó por sacarle partido mercantil. Tras contribuir a acercarnos la Luna, cultivó una imagen pública chauvinista y pueril que no favorecía nuestro anhelo de ilustrar adecuadamente el carácter universal y desprendido de la exploración espacial.

En cuanto vi a un resignado Jorge descartar a Aldrin y repasar la lista de potenciales candidatos, le dije sin pensarlo demasiado: «Intentémoslo con Armstrong; dame media hora para explorar la forma de llegar a él». No sé si interpretó mis palabras como audaces o desatinadas. Lo cierto es que dio media vuelta con una sonrisa que me pareció irónica y se dirigió resuelto a la puerta: «¡Anda ya! Démosle una vuelta y luego vemos la manera de contactar a Aldrin».

Me quedé solo. Tras una rápida búsqueda en Internet comprobé cuán cierto era que Neil Armstrong se mantenía lejos de los focos. Rechazaba todas las biografías que se habían escrito sobre él, salvo una: *El primer hombre*, de James Hansen. En pocos segundos comprobé que Hansen era profesor en la Universidad Auburn de Alabama, busqué su dirección de correo electrónico y le escribí. No había transcurrido todavía la media hora preceptiva cuando recibí su respuesta: «Le haré llegar su mensaje a Neil Armstrong». Me apresuré a darle la buena noticia a Jorge, algo de lo que luego me arrepentí; comenzaron a pasar los días y el primer ser humano que pisó la Luna no daba señales de vida.

El 24 de mayo, cerca de las seis de la tarde, me llegó un mensaje de un tal Lorian.

Estimado profesor Edelstein:

Muchas gracias por su muy amable carta, reenviada por el profesor Hansen. Me hace un gran honor sugiriendo que yo merezco una nominación para el premio Fonseca.

Si bien soy ingeniero, es cierto que he ostentado el título de Científico de Investigación Aeronáutica y he hecho algo de ciencia durante mi carrera. Y es cierto que me he encontrado frecuentemente con la ciencia y la he admirado a lo largo de mi vida; y he comunicado mi fascinación por ella en conferencias y artículos escritos. Pero decir que estoy calificado para recibir un premio de comunicación científica sería una exageración con la que no podría estar de acuerdo.

Bill Bryson es un no-científico que, sin embargo, tiene una habilidad remarcable para entretener, inspirar y fascinar a sus lectores en materia científica. Y yo he disfrutado con los escritos de varios verdaderos científicos cuyas habilidades para hacer que lo complejo resulte entendible están muy por encima de mis humildes facultades.

De modo que tengo que ofrecerle mi más sincera gratitud por su más que generoso elogio y mi pesar por no estar calificado para aceptar la nominación.

Sinceramente,

NEIL ARMSTRONG

Leí dos o tres veces el correo con el corazón desbocado, a pesar de la respuesta negativa. Recorrí cada palabra con el mayor detenimiento. No quería que se me escapara el más mínimo detalle de lo que podía estar queriéndome decir, explícitamente o entrelíneas. Tenía frente a mí la respuesta del primer ser vivo que puso un pie en el cielo. El regolito lunar había adoptado por primera vez un patrón ordenado bajo sus botas. La huella de una pisada en territorio virgen.

Recordé por un momento las imágenes icónicas de ese instante estelar de la historia de la humanidad, pero inmediatamente no pude evitar pensar en la vida de este ingeniero aeronáutico y piloto que, tras alcanzar una cima inaccesible para el resto de los mortales, se vio condenado a una suerte de jubilación anticipada y, sobre todo, sospeché, a la imposibilidad más absoluta de poder transmitir lo que vivió y sintió en la Luna. Me conmovió imaginar que quizás el lenguaje no tuviera todavía las palabras que pudieran expresarlo y que Armstrong viviera la angustia de querer contarnos algo sin poder hacerlo.

Curiosamente, en ese momento pensé en Aldrin y me invadió una idea bastante más compasiva. ¿No sería la parafernalia de su figura pública un torpe intento de sembrar de fuegos de artificio el erial de un alma devastada? Pasar unas horas en la Luna, mirar el cielo desde allí y encontrarse con la Tierra suspendida, sentir bajo los pies la consistencia de su superficie, no es algo que se pueda contar. ¿Cómo transmitir el silencio absoluto que se experimenta en un lugar sin atmósfera? Solo escuchaban la respiración agitada y el pulso cardíaco arrebatado como cuando se bucea en las profundidades del mar, excepto que aquí se habían sumergido unos cuatrocientos mil kilómetros en el espacio interplanetario. ¿Qué palabras pueden expresar adecuadamente la mezcla de fascinación y, al mismo tiempo, incertidumbre y miedo que experimentaron Armstrong y Aldrin? ¿Podrían regresar a casa? Estos dos señores, en definitiva, estaban envueltos en un sofisticado y voluminoso traje que los aislaba del nada metafórico vacío y de la radiación inclemente del Sol. Miraban el cielo desde la Luna. Añoraban bajo la luz de la Tierra.

Volví a leer la carta. El premio Fonseca tenía una dotación económica de seis mil euros además de incluir dos pasajes de avión en primera y el alojamiento en Santiago de Compostela. El palmarés, hasta ese momento, estaba integrado por Hawking, Lovelock y Attenborough. ¿Cómo podía ser que lo rechazara? ¿Sería insuficiente el monto del premio? La relectura exhaustiva y obsesiva me dejó en claro que no se trataba de eso. El comandante Armstrong, sencillamente, no se consideraba merecedor de ese reconocimiento. Pensé en los innumerables ejemplos de premios que fueron obtenidos mediante un plagio, la amistad de algún miembro del jurado, un gol con la mano —aunque con esto último tengo sentimientos encontrados—, la lesión de un rival o el clamoroso error de un árbitro. En un planeta plagado de injusticias, Neil Armstrong declinaba un premio justo, acaso demostrando sin atenuantes que ya no era parte de este mundo.

En ese momento caí en la cuenta de un detalle importante: mi correo no expresaba con claridad la naturaleza del premio y el hecho de que las bases contemplaran a una figura como la suya. Pensé que no le había quedado claro que su candidatura estaba basada en su carácter de referente público de la ciencia, dado que su nombre es universalmente sinónimo de la propia carrera espacial, así como el de sus coterráneos de Ohio, los hermanos Wright, lo es de la aviación.

Repentinamente esperanzado, me apresuré a responderle. Le agradecí su correo y empecé por señalar que su carta era una muestra admirable de humildad e integridad intelectual. A la vez agregué que era poco habitual encontrarse con alguien que rechazara un premio por no sentirse merecedor de él. Le expresé las razones por las que su candidatura era adecuada, el carácter legendario e inspirador de la misión Apolo 11 y su impacto en la actividad científica en el campo de la investigación espacial a lo largo de décadas. La insólita y embriagante posibilidad de contemplar otros cielos. Me despedí diciéndole que a la admiración que siempre me despertó su aventura se acababa de sumar una nueva razón: la honestidad intelectual y calidad humana que desprendían sus líneas.

La respuesta tardó unos días en llegar. El 30 de mayo, cuando ya no la esperaba, Lorian volvió a escribirme.

Estimado profesor Edelstein:

He apreciado muchísimo su mensaje tan amable. ¡Muchas gracias! Gracias también por los detalles que subrayan la amplitud del premio Fonseca. Sus líneas han sido muy persuasivas. Lo he discutido en algún detalle con mi esposa y ambos acordamos que mi decisión anterior era la correcta y debía ser mantenida. De modo que voy a declinar nuevamente su propuesta con mi más profunda gratitud.

Le envío mis mejores deseos,

Neil Armstrong

El 1 de julio me llegó la convocatoria oficial a la reunión del jurado del premio Fonseca. Yo estaba en Uppsala, en la conferencia anual de teoría de cuerdas, y había estado preguntando a colegas de Princeton por el estado de salud de Freeman Dyson, eterno y legendario candidato. La reunión del jurado tuvo lugar el miércoles 27, a las 11:30, en el Salón Rectoral del Pazo de San Xerome, y no se prolongó demasiado. El cuarto ganador del premio Fonseca fue nuevamente británico, el genial matemático de Oxford —y, más tarde, premio nobel de física en 2020— sir Roger Penrose.

Vino a Santiago de Compostela en noviembre y dio una maravillosa conferencia sobre una polémica teoría suya que pretendía echar por tierra a la del Big Bang. Según explicó, para constatar su cosmología cíclica conforme —que describe un conjunto infinito de universos sucesivos, cíclicos y eternos—, lo único que había que hacer era, una vez más, ¡mirar el cielo! Sutilmente escondidas en la luz primigenia, el fondo cósmico de microondas, podrían encontrarse las huellas del universo que precede al nuestro. La aleatoriedad del cielo, según Penrose, habría sido ordenada en patrones específicos —anillos concéntricos— por la fusión de agujeros negros supermasivos que poblaban ese universo pretérito. Así como el patrón de la bota del comandante Armstrong en el regolito será para siempre la evidencia de nuestro paso por la Luna.

Quise cerrar el círculo compartiendo la noticia con Lorian. Esta vez no tuve respuesta. Unos meses más tarde, el 25 de agosto de 2012, me llegó la noticia de su muerte en un hospital de Cincinnati. El comandante de la misión Apolo 11, cuya proverbial destreza como piloto permitió preservar en el último instante la integridad del módulo lunar, imprescindible para emprender el regreso, dejó este planeta por segunda vez. El hombre del pequeño paso que fue, al mismo tiempo, un gran salto para la humanidad volvió a surcar el cielo con la tranquilidad de quien emprende el último vuelo. Su destreza como piloto esta vez no será necesaria. Ya no volverá.

Supe, sin leer la noticia, que su corazón no habría resistido. La añoranza de la Luna, la imposibilidad de compartir una belleza nunca descrita y un terror jamás experimentado, la esperanza del improbable regreso y, al mismo tiempo, «el dolor de ya no ser».

La nostalgia de esa silenciosa noche estrellada bajo la luz de la Tierra tuvo que haberle roto el corazón.

10.
El átomo de tiempo

Todas las culturas desarrollaron sistemas para medir el paso del tiempo, ese misterioso flujo que experimentamos en la sucesión de eventos que los conecta causalmente y que, según se ve, no tiene vuelta atrás. Cualquier acontecimiento periódico que se repitiera con un ritmo de apariencia constante podía servir para ello. Así, las estaciones dieron origen a los años; las fases de la Luna, a los meses, y el ciclo diurno, a los días.

La división de los días en horas tuvo su origen en los relojes solares, y la partición de estas en minutos y luego en segundos, presumiblemente, resultó de la confección de relojes de arena y de la cadencia acompasada del corazón humano. Nuestro cuerpo está habitado por el tiempo de tantas maneras, soterradas y sutiles, y, sin embargo, todos vemos en el latido cardíaco al segundero pertinaz que los vertebrados tenemos en el centro del pecho. Quizás por eso usamos la palabra *recordar* para hablar de imágenes del pasado evocadas en el presente, cuando literalmente quiere decir 'volver a pasar por el corazón'.

Dado que un segundo es un espacio de tiempo demasiado breve para los seres humanos, su división ulterior abandonó el uso de definiciones relativamente caprichosas y siguió, sin más, el desapasionado imperio del sistema decimal. El abandono de unidades específicas y con nombre propio, sorprendentemente, tiene consecuencias conceptuales profundas. Nos coloca frente a una disyuntiva inesperada: del mismo modo que no hay un límite inferior a lo diminuto que puede ser un número, ¿existen intervalos de tiempo arbitrariamente pequeños? No es que este dilema no existiera antes, sino que no estaba palmariamente expuesto. El frío y, en apariencia, inocuo uso de la coma seguida de números decimales nos enfrenta, inexorablemente, a preguntarnos por la existencia o inexistencia de un instante mínimo, una unidad diminuta e indivisible, la garrapatea de la partitura del cosmos: el átomo de tiempo.

Si fraccionamos un segundo dividiéndolo a la mitad, una y otra vez, ¿podremos hacerlo indefinidamente o llegaremos a una unidad mínima e indivisa? Esta pregunta está indisolublemente ligada a otra, en apariencia diferente: ¿existe una distancia mínima entre dos puntos cualesquiera del espacio? La indiscutible conexión entre ambas cuestiones está dada por la universalidad de la velocidad de la luz en el vacío: si hubiera dos puntos del espacio arbitrariamente cercanos, sería inevitable que lo mismo ocurriera con el tiempo, ya que la pregunta «¿cuánto tarda la luz en ir de uno al otro?», sencilla y perfectamente formulada, debe tener respuesta.

Una cuestión similar se plantearon Demócrito y Leucipo de Mileto en relación con la materia, y concluyeron que debía existir una unidad mínima de esta a la que llamaron átomo. Si estos no existieran, podríamos dividir la materia hasta el infinito y una cucharilla de aceite vertida al mar podría expandirse indefinidamente, ya que no habría un límite inferior al espesor de la delgadísima película que, de ese modo, envolvería los océanos. El átomo, en cualquier caso y a pesar de su nombre, resultó divisible en constituyentes aún más pequeños, los electrones y el núcleo. Dentro del núcleo, los protones y los neutrones, y en su interior, los quarks y los gluones. ¿Y dentro de estos últimos? No lo sabemos. Quizá nada.

Los núcleos atómicos son tan pequeños que la luz demora un yoctosegundo —la cuatrillonésima parte de un segundo— en atravesarlos. Casi el mismo tiempo que demora un quark *top*, el último en descubrirse y el de vida más efímera, en desvanecerse. Estos lapsos, cuya existencia apenas podemos inferir y a la que difícilmente nos podemos habituar, son una millonésima parte de aquellos que se han podido medir directamente y de manera controlada en un laboratorio.

El Premio Nobel de Física de 2023 fue para Anne L'Huillier, Pierre Agostini y Ferenc Krausz, quienes fueron capaces de producir pulsos de luz de algunas decenas de attosegundos —la trillonésima parte de un segundo—, lo que permitió la maravilla de obtener imágenes de electrones deambulando por átomos y moléculas. Es escalofriante instalarnos en la perspectiva de que hay tantos attosegundos en el lapso de un latido cardíaco como latidos en la edad del universo. Nos devuelve un sentido de humildad tan inquietante como beatífico. Los dimes y diretes del corazón humano son tan fugaces en el devenir universal como los de un modesto electrón vagando errante por los arrabales de una molécula.

El tiempo característico de un pulso de luz visible es del orden del femtosegundo, la mil billonésima parte de un segundo. Para lograr el prodigio tecnológico de acercarse al attosegundo, mil veces más breve, se aprovecharon los armónicos provocados por los propios electrones de un gas noble que es atravesado por el haz de un láser. Hay una hermosa analogía musical que captura buena parte de la idea concebida originalmente por Anne L'Huillier.

Para una misma nota musical, el timbre de una trompeta es más agudo que el de una flauta. El aire soplado por la trompetista, además de vibrar con la frecuencia propia de la nota interpretada, lo hace con una riquísima paleta de armónicos, muchos de ellos debidos a la forma aproximadamente cónica del pabellón que encauza su salida. Estos no son otra cosa que sobretonos, notas de frecuencias más altas que enriquecen a la nota interpretada y le dan su brillo característico, metálico y cortante. La presencia de estos sobretonos en la vibración del aire en las entrañas del instrumento, rebotando en su sofisticada geometría y sacudiendo en su justa medida la estructura metálica que lo contiene, abre la puerta a una superposición de ondas de mayor frecuencia y, en parte gracias a ello, con una duración más breve. El mismo soplido no consigue arrebatarle esa exuberancia de armónicos a la sencilla geometría de una flauta.

Así como el paso por la trompeta, en definitiva, convierte la que debió de haber sido una nota pura en un compendio agudo y brillante, Anne L'Huillier descubrió que algo similar ocurre con el haz de un láser que atraviesa un volumen de gas argón enrarecido. La profusión de sobretonos no proviene, en este caso, de la geometría de un instrumento musical, sino del tira y afloja al que son sometidos los electrones del gas a través de fenómenos como el efecto túnel y la recombinación. No es la materialidad del dispositivo que contiene el gas la responsable, sino, por así decirlo, el envoltorio energético que mantiene a cada electrón ligado a su correspondiente átomo de argón. De este modo tan extraordinariamente ingenioso se logró fraccionar el femtosegundo de manera controlada en un laboratorio. ¿Es posible ir más allá?

La mecánica cuántica es la jurisprudencia aplicable a preguntas que tengan que ver con las pequeñas escalas. Y esta nos dice que, cuanto mayor es la energía que se confiere a un sistema microscópico, más pequeño es el detalle con el que se lo observa; de ahí el uso de aceleradores de partículas como gigantescos microscopios. En el gran colisionador de hadrones (LHC) se ha alcanzado una resolución tan fina para la estructura de la materia que la luz recorrería ese diminuto píxel en una cienmilésima de yoctosegundo. Ninguna otra máquina ha inyectado la energía suficiente en un sistema microscópico que permita ir más allá de estas escalas.

Pero existen sistemas naturales que son capaces de acelerar partículas hasta energías millones de veces mayores. El mecanismo con el que lo hacen, por cierto, sigue siendo un misterio. Estas partículas recorren enormes distancias y, eventualmente, entran en la atmósfera terrestre: son los llamados rayos cósmicos, esa lluvia imperceptible de la que ya hablamos.

El rayo cósmico más energético registrado hasta ahora, cuarenta millones de veces por encima de los valores alcanzados en el LHC, surcó el espacio desde alguna galaxia distante hasta alcanzar nuestros instrumentos el 15 de octubre de 1991, y experimentó un pixelado que la luz recorrería en unas cienmilmillonésimas de yoctosegundo. Un intervalo de tiempo que nos resulta inimaginable, absurdamente pequeño, y que nos devuelve a la pregunta formulada más arriba: ¿es posible, ya sea en la práctica o *a priori*, dividir el segundo de forma indefinida?

Como dos extraños

De la legislación del mundo microscópico se desprende el principio de incertidumbre que formuló Werner Heisenberg en 1927. Este nos dice, entre otras cosas, que, cuanto mayor resulte la certeza respecto del instante en el que un fenómeno acontece, más grande será la indeterminación de su energía. Y lo más sorprendente es que la naturaleza saca provecho de ello al permitir cierta efervescencia microscópica del vacío que resulta de la continua creación y destrucción de partículas: mientras estos procesos tengan lugar en intervalos de tiempo inferiores a la cienmilmillonésima de yoctosegundo, el principio de conservación de la energía resultará escrupulosamente respetado.

Por otra parte, dada la icónica fórmula de Einstein, $E = mc^2$, cuanto más pequeño sea el intervalo temporal observado, mayor será la incertidumbre en la energía, y, por lo tanto, la masa de las partículas que se puedan crear de manera espontánea en el chispeante vacío. El vacío cuántico es, estrictamente, el estado de menor contenido energético de cualquier sistema físico. La mecánica cuántica establece de un modo categórico que es imposible extraer toda la energía de un sistema físico. Hay cierta efervescencia mínima, un burbujeo microscópico que siempre estará presente en el vacío.

El principio de incertidumbre es la expresión más paradigmática de la mecánica cuántica. Hasta donde sabemos, en el momento de escribir estas páginas, es una ley fundamental de la naturaleza. No se trata de una limitación tecnológica que pueda ser superada en el futuro, sino de una frontera infranqueable, de un pixelado que marca un límite a la resolución con la que el mundo natural puede conocerse. La posibilidad de determinar un intervalo de tiempo arbitrariamente pequeño vendría de manera inexorable ligada a la disponibilidad ilimitada de energía. De modo que el reverso de la pregunta por la unidad temporal mínima podría formularse así: ¿puede ser la densidad de energía en alguna región del espacio arbitrariamente grande?

La teoría de la relatividad general, el otro pilar sobre el que descansa la arquitectura de la física moderna, nos dice que la acumulación de energía —o masa— en una región suficientemente pequeña del espacio acabará dando lugar, sí o sí, a un agujero negro. De modo que, si el tiempo pudiera fraccionarse indefinidamente, ¡el universo estaría infestado de agujeros negros microscópicos! El vacío sería un enjambre hacinado de estas extrañas criaturas. Dado que no existen evidencias experimentales de ninguna clase que respalden el fruto de esta disparatada conclusión, nos vemos empujados a inferir que no puede haber un intervalo de tiempo arbitrariamente pequeño.

Otra posibilidad sería que la mecánica cuántica dejara de ser válida a las escalas más diminutas del espacio y el tiempo. No tenemos muchos motivos para apostar por ello, más bien al contrario, pero la ciencia debe estar abierta a esa eventualidad.[12]

«Lo bueno, si breve, dos veces bueno», dice el refranero popular. La física moderna, como vimos, supone un límite tajante a la brevedad. Si queremos hacer arbitrariamente mejor algo bueno, abreviándolo, nos encontraremos con dos juezas severas e insobornables, la mecánica cuántica y

---

12. Uno de los grandes promotores de un escenario de estas características es el premio nobel de física de 1999, el neerlandés Gerard 't Hooft, quien sostiene que la mecánica cuántica es el resultado emergente de una realidad completamente clásica y determinista subyacente a escalas aún más pequeñas. La comunidad científica, hoy en día, no ha recibido estas ideas con particular entusiasmo.

la relatividad general, las cuales nos cerrarían el paso con firmeza.

La inexistencia de un intervalo temporal arbitrariamente breve choca con la confortable sensación de continuidad en el devenir del tiempo que experimentamos, por lo que nos enfrentamos una vez más a esa física de la perplejidad que gobierna el universo microscópico. Nada sorprendente si recordamos que nuestros sentidos no han sido moldeados por la evolución para desenvolverse entre átomos y moléculas, ni para explorar los detalles microscópicos del tejido espacio-temporal, sino para valernos en las escalas de tiempo, espacio y materia en las que habitan nuestros cuerpos, alimentos y depredadores.

¿Cuál es, entonces, el límite de la brevedad en la naturaleza? ¿En qué cifra decimal debemos detenernos sin remedio cuando midamos intervalos temporales o, su contracara, distancias espaciales? ¿A qué diminuta escala del tiempo es de esperar que la noción de flujo continuo deje de ser una buena aproximación de la realidad?

Una pista para responder a estos interrogantes nos la brindan las constantes fundamentales de la naturaleza, cantidades que forman parte de sus leyes y que resultan las mismas, hasta donde sabemos, en cualquier rincón del universo observable y a lo largo de toda su historia: la velocidad de la luz, la constante de Newton y la constante de Planck. Cada una de ellas representa la señal de identidad de, respectivamente, la relatividad, la gravedad y la física cuántica. Existe una única combinación aritmética de ellas, y solo una, que da lugar a una escala temporal. No hay otra forma de generar con ellas algo que pueda medirse en segundos. Se la conoce como el tiempo de Planck, y su propia constitución deja claro —quizá sea más prudente decir: «sugiere»— que, al llegar a esa escala, crujirán los cimientos del edificio que sostiene nuestra noción de continuidad temporal.

Si recordamos el valor del instante de tiempo más pequeño que hemos podido manipular directamente en un laboratorio, el attosegundo, caben en él tantos tiempos de Planck como microsegundos en la edad del universo. El tiempo de Planck es absurdamente diminuto, la cientrillonésima parte de un yoctosegundo. Y así como en el universo microscópico la naturaleza corpórea de los constituyentes de la materia se vuelve elusiva —¿ondas o partículas?—, sabemos que, cuando llega a la escala de Planck, el tiempo, tal como lo entendemos, dejará de existir. Si recortáramos un segundo una y otra vez como si fuera un largo hilo, nos encontraríamos con que, al acercarnos a dicha escala, la hebra comenzará a desdibujarse, a convertirse en algo irreconocible.

Si lo pensamos un poco, lejos de ser extraño, esto es lo que cabría esperar si usáramos como referencia el comportamiento de la materia. Un filamento de cobre, por ejemplo, es sólido, de color rojizo y conduce la corriente eléctrica. Cortándolo al medio, obtendremos esencialmente lo mismo, un cable, aunque más corto. Y si seguimos reduciendo a la mitad, nada será muy distinto hasta que nos acerquemos al átomo de cobre. Este, en cambio, no es sólido —ni líquido, ni gaseoso— ni muy diferente a cualquier otro átomo de la tabla periódica. Tampoco es rojizo ni conductor eléctrico. Todas estas propiedades emergen de la composición de billones de átomos de cobre formando un cable. Algo parecido debería suceder con el tiempo —y el espacio—. Al dividir un segundo un número suficiente de veces, nos toparemos a la larga con algo así como el átomo de tiempo, indivisible y, muy probablemente, con propiedades radicalmente diferentes de las que estamos acostumbrados a asociar al tiempo.

La relatividad general es una teoría eminentemente geométrica: la gravedad es el resultado de la curvatura del espacio-tiempo. Más aún, la gravedad *es* la curvatura del espacio-tiempo. Y si hablamos de geometría, se nos vienen a la cabeza nociones elementales como las de puntos, curvas y superficies. A nivel abstracto, matemático, los puntos están totalmente localizados en el espacio y carecen de volumen, mientras que las curvas y superficies son conjuntos continuos de puntos, que admiten ser divididos ilimitadamente. La mecánica cuántica, en cambio, no permite esa partición sin fin. Los puntos, las curvas y las superficies se verán afectados por ese borrón difuso que impregna el mandato del principio de incertidumbre. Dicho de un modo más drástico: tenemos buenas razones para pensar que no existe la geometría a la escala de Planck. Ni el punto, ni la curva, ni la superficie. Ni el espacio ni el tiempo.

Una posible solución a este confuso escenario al que nos arrojan los principios antagónicos —o, como mínimo, en conflicto— de la mecánica cuántica y la relatividad general sería pensar que el espacio-tiempo está dividido en celdas fundamentales, como una pared lo está en los ladrillos que la componen. Pero es muy difícil reconciliar esto con un hecho observacional de enorme relevancia e incontestable: el universo luce, con enorme precisión, prácticamente idéntico en todas las direcciones en las que miremos, a grandes escalas.

Sentadas una frente a la otra en una mesa de café, como dos viejas amantes, la mecánica cuántica y la relatividad general, pilares de la modernidad, nacidas prácticamente al mismo tiempo en los albores del siglo xx, se dedican mutuamente los versos del tango de José María Contursi:

Y ahora que estoy frente a ti
Parecemos, ya ves, dos extraños.

Las dos teorías funcionan extraordinariamente bien por separado. La mecánica cuántica, en el dominio de lo pequeño; y la relatividad general, en el de lo grande. Y aunque ingenuamente nos parezca que nada puede ser pequeño y grande a la vez, lo cierto es que en ocasiones esta antinomia desaparece. Vivimos en un universo en expansión. En el pasado, con sus centenares de miles de millones de galaxias, el universo observable fue arbitrariamente pequeño, menor que un átomo. Por otra parte, una estrella que colapsa gravitacionalmente al agotar su combustible nuclear, si es lo suficientemente masiva, acabará por ocupar una región infinitesimal en el interior del horizonte de sucesos del agujero negro al que dará lugar.

El nacimiento y la muerte del tiempo, así como su constitución microscópica, demandan de las viejas amantes un armisticio. Que retomen la búsqueda de un camino que conduzca a una anhelada reconciliación, quizás entonando al unísono los primeros versos del mismo tango:

> Y el corazón me suplicó
> Que te buscara y que le diera tu querer
> Me lo pedía el corazón y entonces te busqué
> Creyéndote mi salvación.

Solo entonces, en ese futuro incierto de entendimiento, quizá podremos comprender el verdadero rostro del átomo de tiempo. A menos, claro, que este no exista. Que sea un engañoso espejismo.

La lencería del cielo

La reconciliación entre la mecánica cuántica y la relatividad general es fundamental para comprender el evento fundacional de nuestra historia cósmica: los instantes que siguieron al Big Bang. Y es aquí donde cabe preguntarse si pueden reconciliarse estas teorías sin la necesaria existencia de un átomo de tiempo. ¿Cómo podría impedirse la partición ilimitada del segundo sin una unidad mínima, indivisible?

Dado que lo que está puesto en cuestión es la noción de punto geométrico, ¿qué ocurriría si exploráramos la posibilidad de que las unidades elementales, en lugar de puntos, fueran minúsculas cuerdas sin espesor? Cuerdas que no están hechas de nada, que son ellas mismas el objeto fundamental. Cuerdas que pueden vibrar y, como las de una guitarra, tienen asociado un espectro de notas y armónicos. Si son muy pequeñas, quienes no seamos capaces de discernir su diminuta anatomía, cuando vibre a una frecuencia determinada, lo único que apreciaremos será la presencia de un objeto aparentemente puntual y cuya masa será mayor cuanto más aguda sea la nota.[13] El zoológico de partículas elementales podría no ser más que una expresión de la multiplicidad de notas y armónicos de esa cuerda fundamental.

El interés de esta última observación para el tema que nos ocupa proviene de un hecho extraordinario. Cuando aplicamos las leyes de la mecánica cuántica a estas minúsculas cuerdas, encontramos que uno de esos cuantos vibracionales tiene exactamente las características que se esperan de un gravitón, la partícula cuántica de la gravedad. Secreta e inesperadamente, como descubrieron Joel Scherk y John Schwarz hace poco más de medio siglo, después de décadas de errática búsqueda, la mecánica cuántica aplicada a las minúsculas cuerdas parece ofrecer la urdimbre precisa que

---

13. La energía de un cuanto es proporcional a la frecuencia, $E = hf$. Esta fórmula fue planteada por Max Planck en 1900 (por ello, h recibe el nombre de «constante de Planck») y refrendada por Albert Einstein en 1905. Ese mismo año, Einstein obtuvo también la equivalencia entre la masa y la energía con su fórmula más icónica.

el tejido espacio-temporal necesita para la añorada reconciliación con la relatividad general.

De modo que la geometría, a pequeñas escalas, podría no ser otra cosa que una multitud de pequeñas cuerdas vibrando. La lencería del cielo que miramos guardaría así, discreta, sutil y celosamente, el mayor de sus secretos, el de la naturaleza del tiempo. La razón última de su nacimiento, su cadencia, su irreversibilidad y, en definitiva, su muerte en la vecindad de cada uno de los agujeros negros que pueblan la bóveda celeste.

Para estar seguros de que esto es así, por supuesto, necesitaremos el concurso del implacable veredicto de las ciencias naturales: la verificación experimental. Hasta entonces no sabremos si el átomo de tiempo es un píxel, como el grano de arena de un reloj, o un enjambre informe de cuerdas microscópicas que vibran frenéticamente, o una enorme colección de bits que de lejos generan la ilusión de un tiempo continuo que fluye, tal como las gotas de agua son la razón última del río de Heráclito. Lo único que podremos afirmar hasta que llegue ese día es que, así como los átomos y las moléculas son la expresión mínima de la materia y en un reloj de arena no puede transcurrir un instante inferior a la caída de un grano, no hay intervalo más fugaz ni cadencia más efímera que la del tiempo de Planck.

11.
Cuando digo futuro

Nuestras vidas tienen la proa puesta en una dirección inequívoca: el futuro. Hacia allá vamos, unas veces más rápido de lo que nos gustaría y otras tantas con pasmosa lentitud. Todos los caminos que ofrece el tiempo son de dirección única, una inexorabilidad que no era difícil de entender en épocas de campanarios medievales que marcaban las horas para todos por igual. «El tiempo absoluto, verdadero y matemático, el de sí mismo y por su propia naturaleza, fluye uniformemente sin ser afectado por nada externo», decía Isaac Newton.

Pero a principios del siglo pasado se resquebrajaron estas convicciones de un modo sorprendente cuando Albert Einstein nos enseñó que el paso del tiempo depende del estado de movimiento y de la posición de quien lo experimente. Si miramos el cielo desde la Tierra —¡qué remedio!—, habrá efectos leves, sutiles, que, más que a lo observado, se deberán a nuestro peculiar punto de vista.

La teoría de la relatividad nos dice que la cadencia de los relojes transcurre más lentamente cuanto más rápido se muevan o cuanto más cerca de un cuerpo masivo como nuestro planeta se encuentren. Nos referimos a todos los relojes, incluyendo a los biológicos que marcan el ritmo de nuestro envejecimiento. Aquellos que vivimos en planta baja y nos pasamos el día corriendo, sin embargo, apenas podremos disfrutar de una fracción de segundo más que quienes viven en pisos altos y son más sedentarios, ya que el efecto solo es significativo a velocidades cercanas a la de la luz o cuando la diferencia de alturas es al menos como el tamaño del planeta.

En relación con el Sol, por ejemplo, la Tierra —a ciento cincuenta millones de kilómetros de distancia— ocupa un piso bastante alto. Por este motivo los relojes terrestres se adelantan aproximadamente un minuto al año si se los compara con hipotéticos relojes ubicados en la superficie del Sol. No podemos colocar relojes en la superficie de una estrella, está más que claro, pero podemos estudiar minuciosamente la luz solar y constatar un ligero corrimiento al rojo de todas las líneas espectrales —los distintos colores característicos que nos hablan de la composición química del Sol— debido a la ralentización relativa del paso del tiempo allí donde esa luz fue emitida respecto de la Tierra.

Caprichos del tic tac

El físico uruguayo Enrique Loedel Palumbo sacó enorme provecho de sus conversaciones con Einstein cuando este anduvo de visita por el río de la Plata hace un siglo. Profesor en la Universidad Nacional de La Plata, fue autor del primer trabajo científico escrito en el continente americano sobre la teoría de la relatividad. Maestro y coautor en varias publicaciones científicas de Ernesto Sabato, describió ese fenómeno por el cual un observador ve que el reloj de otro está marcando el tiempo a un ritmo menor que el suyo, con la belleza y contundencia de un soneto:[14]

Que el tiempo en dos sistemas diferentes
se deslice de un modo desigual
podría parecer paradojal;
mas existen razones suficientes,

que esgrimidas por sabios diligentes,
con un lenguaje abstruso y especial,
demuestran, de manera harto cabal,
que son muchas, del tiempo, las corrientes.

Sin tomarme un trabajo desmedido,
prescindiré del cálculo aburrido,
y he de probar lo mismo en dos plumazos;

pues nos dice al respecto la experiencia,
que se alargan las horas de la ausencia,
mientras que vuelan con la amada en brazos.

14. *Relatividad del tiempo* (soneto), en *Versos de un físico: física y razón vital*, Enrique Loedel Palumbo, Talleres Gráficos Olivieri y Domínguez, La Plata, 1934.

Estos dos efectos de dilatación temporal, por inverosímiles que parezcan, son comprobados millones de veces al día por los innumerables usuarios del sistema de posicionamiento global (GPS, por sus siglas en inglés), que los ha de tener muy en cuenta a la hora de comparar los relojes del dispositivo —nuestro teléfono móvil o un navegador— con los de los satélites cuyas señales recibe, que se mueven a catorce mil kilómetros por hora y orbitan a más de veinte mil kilómetros de altura.

Los relojes atómicos de los satélites que conforman el GPS se ven tironeados por los dos efectos: mientras que su velocidad los lleva a atrasarse respecto de los que están en la superficie terrestre, su altura les acelera el pulso. Y es este el efecto que predomina. Es cuestión de hacer los cálculos utilizando el precioso andamiaje teórico construido por Einstein. Cada día los relojes de los satélites se adelantarían treinta y ocho millonésimas de segundo con respecto a los que están a nivel del suelo. Por lo tanto, si no se tuvieran en cuenta los efectos relativistas, el GPS sufriría un desajuste de... ¡once kilómetros diarios! De la noche a la mañana el dispositivo nos expulsaría a los márgenes de la ciudad en la que vivimos. Si esto no ocurre, es porque la cadencia de los precisos relojes atómicos que están en órbita es corregida artificialmente para ajustarse a la de la superficie terrestre.

Acaso lo más extraordinario en el paso del tiempo, finalmente, sea aquello que se mantiene inmutable. En palabras de Jorge Luis Borges:

el asombro ante el milagro
de que a despecho de infinitos azares,
de que a despecho de que somos
las gotas del río de Heráclito,
perdure algo en nosotros:
inmóvil.

Aquello que permanece, que nos permite inferir que el universo de hoy es el mismo que el de ayer y el de mañana, es la velocidad de la luz en el vacío. No importa en qué recóndito rincón del universo la observemos, ni en qué momento lo hagamos. Da igual cómo nos estemos moviendo: todas las evidencias sugieren que los fríos números arrojarán siempre el mismo resultado: doscientos noventa y nueve millones setecientos noventa y dos mil cuatrocientos cincuenta y ocho metros por segundo. Una de las pocas certezas que alumbran el porvenir es que así seguirá siendo.

Como todas las certezas, esta tiene consecuencias imprevistas: el cambio de estatus definitivo del tiempo y el espacio. La medición de estas dos cantidades ya no requiere de unidades distintas. Cualquier intervalo de tiempo define una longitud —la distancia que la luz recorre en ese lapso—, que será la misma en cualquier lugar y momento. La velocidad de la luz en el vacío se convierte así en un mero factor de conversión entre unidades de tiempo y de espacio, sin mayor relevancia que el utilizado para pasar de millas a kilómetros. El tiempo y el espacio resultan intercambiables, dos caras de una misma moneda. «Desde ahora, tanto el espacio en sí mismo como el tiempo en sí mismo estarán condenados a desvanecerse en meras sombras. Solo un tipo de unión entre ambos preservará una realidad independiente», escribió Hermann Minkowski, fundiéndolos para siempre en una unidad inseparable: el espacio-tiempo, escenario total del universo físico.

Cuando buscamos antiguas certidumbres en esta gran danza colectiva de relojes, nos encontramos con que ya no están allí. La teoría de la relatividad, por ejemplo, no permite establecer que dos acontecimientos hayan tenido lugar en sincronía. La simultaneidad es un asunto que no tiene una respuesta única y depende del observador. Incluso el orden en que dos eventos ocurren dependerá del estado de movimiento de quien los observe. Habrá quien los juzgue simultáneos, pero también estarán quienes vean el uno preceder al otro o el otro preceder al uno.

Pero ¿acaso existe alguien que pueda leer estas líneas antes de que yo las escriba? La respuesta es concluyente: no. Estos dos eventos están causalmente conectados y la teoría de la relatividad garantiza que su orden temporal sea universal, lo que preserva la relación causa-efecto. Lo hace de una manera elegante y simple: imponiendo que la velocidad de la luz en el vacío sea la máxima permitida. En cambio, pares de eventos que no están relacionados causalmente serán siempre simultáneos para algún observador, asunto digno de recordar la próxima vez que alguien nos diga que la posición de los astros en el cielo en el momento de nuestro nacimiento nos determina.

La persistencia de la memoria

El 9 de marzo de 1923, Einstein impartió una conferencia sobre la teoría de la relatividad en la Residencia de Estudiantes de Madrid, presentada y traducida por el filósofo José Ortega y Gasset. La charla fue concebida en la visita que ambos hicieron a Toledo tres días antes, por iniciativa de María Luisa Levi Caturla, historiadora del arte y concuñada de Lina Einstein, una prima que vivía en Madrid. Fue un acontecimiento de tal magnitud e impacto que a partir de entonces se creó la Sociedad de Cursos y Conferencias, que acercó a la Residencia de Estudiantes a gente como Le Corbusier, Marie Curie, Mies van der Rohe, Henri Bergson, Arthur Eddington, Walter Gropius, Gilbert K. Chesterton, Paul Valery, Jean Piaget, Igor Stravinsky y Maurice Ravel, entre otros.

Allí se alojaba en ese entonces un joven Salvador Dalí, quien no podía dejar de acudir a semejante cita. El impacto que las ideas relativistas tuvieron sobre su obra fue rotundo. Unos años más tarde pintó *La persistencia de la memoria*, el recordado cuadro de los relojes blandos, colgados como trapos húmedos secándose al sol. Parecía preocuparle la salvaguarda de los recuerdos en un cosmos tan poco respetuoso con la otrora incuestionable universalidad del paso del tiempo. Si no estamos de acuerdo en la simultaneidad del presente, acaso pensó Dalí, tampoco acordaremos en los dominios del pasado, allí donde reside la memoria, ni en los del futuro, proscenio en el que habremos de representar nuestro porvenir.

Si el universo es un tendedero infinito de blandos relojes, ¿podemos surcarlo usando a nuestro favor la flacidez del tiempo? ¿Engarzar flechas del tiempo como un pez atento a sacar provecho de todas las corrientes que encuentra a su paso? En parte sí, pero quizá no del modo deseado. Liberados del lastre que entraña compartir la cadencia de los relojes, podríamos hacer un viaje de ida y vuelta hasta el centro de la Vía Láctea, que está a casi veintiocho mil años luz de distancia, y regresar apenas unos cuarenta años más viejos.[15] Así como se dilata el tiempo en una nave que se mueve a velocidades comparables a la de la luz, se contrae igualmente la distancia que recorrer. Y esto último no es metafórico: es una realidad física contrastada experimentalmente.

La relatividad nos permitiría envejecer mucho más lento que aquellos que no compartan con nosotros el viaje. Habrán transcurrido en la Tierra, eso sí, decenas de miles de años. No quedará memoria de la misión que nos llevó al espacio, y seremos recibidos, al regreso, con previsible hostilidad. Los idiomas habrán cambiado, por lo que nadie podrá entendernos. Quizá seamos percibidos por esas gentes del futuro con la misma condescendencia con la que nosotros vemos a los primates, y nos preguntaremos si sus sonidos y gestos constituyen un lenguaje. Musitaremos, incompren-

---

15. Para ello tendríamos que ser capaces de sostener durante todo el periplo una aceleración idéntica a la que nos hace experimentar nuestro peso en la Tierra. Las necesidades de combustible para una empresa semejante constituirían un monumental escollo que parece imposible de superar.

didos y llenos de nostalgia, los versos de un antiguo tango que resonarán con nuevo significado:

> El tiempo es un latido
> jugándose en la trampa del pasado y el olvido.
> Maldito, sinvergüenza y adorable,
> él ya sabe que es culpable
> de una broma sin sentido.

A pesar de estas contraindicaciones que nos invitan a habitar el tiempo que nos tocó vivir y a desoír las voces que alimentan el anhelo de plantarnos en un futuro que puede no resultar hospitalario, hay investigadores que se han esforzado en intentar torcer la muñeca de Cronos. Todo viaje, nos dicen, es un proceso con una causa (la partida) y un efecto (la llegada), pero quizá sea factible sacudir el tendedero con fuerza, de modo que en la coreografía de laxos relojes se abra una senda que invierta el sentido de la flecha del tiempo.

La posibilidad de plegar el espacio-tiempo de semejante modo fue explorada por el físico mexicano Miguel Alcubierre. Para realizar el prodigio de este origami cósmico, sin embargo, es necesaria la existencia de materia que permita transgredir el límite de velocidad impuesto por la luz. La materia y la energía ordinarias, por el contrario, ralentizan la luz. Pliegan el espacio-tiempo de tal modo que la luz demora un poco más en llegar a cualquier sitio. Solo un ente exótico y desconocido podría imprimirle mayor velocidad. Dado que no lo hemos observado ni en nuestros laboratorios ni en los telescopios, cabe la esperanza de que esta estrafalaria sustancia se encuentre en el interior de los agujeros negros, y convierta a estas criaturas en posibles puertas de entrada de anhelados pasadizos en los que el pasado y el futuro se confundan.

La posibilidad de viajar en el tiempo a través de estos callejones a los que se conoce como agujeros de gusano, pares de agujeros negros conectados por su garganta interior, ha sido fantaseada recurrentemente desde que el término fuera acuñado por John Archibald Wheeler y Charles Misner en 1957. Un agujero de gusano puede conectar dos lugares muy distantes del universo. Atravesándolo, se podrían zanjar distancias siderales en una fracción de segundo, lo que podría ser visto desde afuera como un viaje más rápido que la luz. Podríamos llegar a las galaxias más remotas en un abrir y cerrar de ojos. Carl Sagan utilizó estas ideas en su novela *Contacto*, allá por los años ochenta, que fue llevada al cine una década más tarde con Jodie Foster en el papel protagonista. La teoría de la relatividad muestra, sin embargo, que, de ser esto posible, habría observadores que nos verían viajando hacia el pasado. A menos que el interior de estas criaturas albergue entidades exóticas que no se ajusten a nada de lo conocido, los agujeros de gusano no se podrían recorrer como si fueran un túnel.

La posible existencia de agujeros de gusano, en cualquier caso, no implica en absoluto que puedan ser atravesados. Todas las construcciones de estos túneles espacio-temporales —hechas a nivel teórico— muestran un rasgo en común *a priori* desalentador. Cuando la materia se zambulle en ellos, las paredes de este pasadizo empiezan a desmoronarse, y cierran el paso de cualquier audaz aventurero mucho más rápidamente de lo que demandaría atravesarlo. Así, los agujeros de gusano serían como aquellos rudimentarios puentes colgantes, hechos con listones de madera y cuerdas, que se ofrecen engañosos a quien desea cruzar un abismo, sin dar apenas señales de su precaria fragilidad para soportar cualquier peso.

No parece factible que el interior de los agujeros de gusano nos permita estas aventuras. Si nos dejáramos caer en un agujero negro gigante —en uno pequeño nos triturarían las fuerzas de marea—,[16] podríamos experimentar unas cuantas cosas extravagantes. Por ejemplo, la existencia de más dimensiones espaciales, como muestra la película *Interestelar*. Y aunque no podríamos salir por otro agujero negro cuyo interior estuviera conectado con aquel que hemos elegido para nuestra zambullida —o, aun bajo la suposición de que la salida fuera posible, como demostró recientemente el genial físico argentino Juan Martín Maldacena, esta nunca ocurriría más rápido de lo que nos llevaría ir de un punto al otro del universo sin utilizar el agujero de gu-

---

16. Puede resultar contrario a la intuición, pero lo cierto es que las fuerzas de marea, que son responsables de la *espaguetización* de cualquier cuerpo que caiga en un agujero negro, son menores cuanto mayor es este. Una forma de entenderlo es recordando que el horizonte de sucesos de un agujero negro grande se encuentra más lejos de la singularidad encerrada.

sano—,[17] lo cierto es que podríamos ver aquello que cae en él. Podríamos encontrarnos allí con una persona que viviera en los confines del universo y hubiera caído en el agujero negro que oficia de (la otra) puerta de entrada. Lo difícil sería ponernos de acuerdo para concertar el encuentro: cualquier señal que quisiéramos enviarle tardaría miles de millones de años en llegar. El encuentro, en la práctica, está condenado a ser fortuito. Dos personas que se sumergen con exagerada audacia en la garganta de un agujero de gusano entrando por puertas cósmicas distintas y distantes a probar suerte. El interior de un agujero de gusano quizás albergue, secreta e inesperadamente, una casa de citas a ciegas intergalácticas.

La fiesta inolvidable

El domingo 28 de junio de 2009 la habitación que Stephen Hawking tenía en el College Gonville and Caius se acondicionó para una fiesta muy especial. Botellas de champán, globos multicolores y deliciosos canapés que se desplegaban sobre una larga mesa cubierta por un mantel elegante. El anfitrión había tomado todos los recaudos. La fiesta a la que

17. Esta afirmación es válida para el tiempo medido por observadores externos. Así es la teoría de la relatividad: cualquier aseveración sobre el tiempo que se haga debe venir acompañada de la localización y del estado de movimiento del reloj que lo mide.

nadie había sido invitado debía comenzar con puntualidad inglesa. A la hora prevista, sin embargo, no vino nadie. Hawking decidió dar un tiempo de cortesía por si había algún rezagado impenitente. Media hora más tarde dio por terminada la espera y se retiró a descansar.

Algunos días más tarde se dispuso a completar el singular experimento. Redactó carteles de invitación indicando sin ambigüedades la localización espacio-temporal de la frustrada fiesta. Atento a la quisquillosidad de la flema británica, se aseguró de aclarar que no era necesario confirmar la asistencia y ordenó su difusión masiva. Era muy importante que la invitación perdurara en el tiempo para que llegara a ellos, los viajeros del tiempo que pudieran venir desde el futuro a una fiesta que ya se había celebrado. Hawking había hecho instalar un enorme cartel que les daba la bienvenida. El hecho de que ninguno se hubiera presentado fue interpretado por él como una prueba concluyente de que los viajes al pasado son imposibles. Aunque lo cierto es que, estrictamente, no se puede descartar la posibilidad de que no hubieran asistido porque la propuesta no les resultara atractiva. O porque prefirieran permanecer de incógnito.

Fue el propio Hawking quien formuló en 1992 la llamada «Conjetura de la protección cronológica», un principio general que impediría las excursiones espacio-temporales cerradas; es decir, viajar en el espacio-tiempo regresando al punto de partida. Lo planteó con su agudeza humorística habitual como una «protección cósmica a la existencia de historiadores». Y es que, si estas excursiones fueran posibles, la relación causa-efecto quedaría en entredicho. No es fácil concebir a Maximilien Robespierre liderando la Revolución francesa después de haber pasado por la guillotina.

Si fuera posible un rodeo semejante en el tejido espacio-temporal, es fácil argumentar que no tendría sentido un concepto tan sencillo como el de la posición de una partícula subatómica. Esta podría estar en muchos lugares a la vez fruto de sus numerosas incursiones en el pasado. Una única viajera del tiempo podría haberse presentado en una multitud de copias de sí misma en la frustrada fiesta de Stephen Hawking.

El resultado del experimento de Hawking fue el sospechado. De otro modo, ¿cómo explicar que ningún admirador incondicional de Albert Einstein, de los muchos que seguramente habitamos el presente y habitarán el futuro, haya viajado al pasado para dictarle los hallazgos sucedidos tras su muerte? Aunque, pensándolo mejor, quizás sea esta la única manera de dar explicación al increíble hecho de que, con apenas veintiséis años de edad, entre marzo y septiembre de 1905, Einstein haya podido escribir cuatro trabajos científicos que cambiaron para siempre nuestra manera de concebir la luz, la materia, la energía, el espacio y el tiempo. Quizá fueron descubrimientos susurrados al oído de aquel empleado de la oficina de patentes de Berna por diligentes *cronoviajeros* llegados del futuro.

Una ilusión tenaz

Nuestras vidas tienen la proa, decíamos, puesta en la dirección inequívoca del futuro. Pero este no es un desangelado puerto que nos espera inerme. En el espacio-tiempo solo hablamos de posiciones e instantes, y allí podemos pensar en un punto de llegada cuyas coordenadas ya están escritas. El lugar y la hora de nuestra muerte, por ejemplo, serán algunos de los ya potencialmente deparados, aunque nosotros lo ignoremos. El futuro, allí, es inexorable, y la imposibilidad de revertirlo, entera responsabilidad de la teoría de la relatividad.

El tiempo no es más que una asfixiante sucesión de ayeres y mañanas en la que todos los mañanas están condenados a ser ayeres y todos los ayeres fueron alguna vez mañanas. El hoy es una efímera quimera estrujada entre ayeres y mañanas. Pero todos los instantes ya están desplegados en el espacio-tiempo: es responsabilidad de quien los recorre, aunque sea inocentemente, ordenarlos en ayeres, hoy y mañanas.

Nadie lo expresó más claramente y con palabras más hermosas que el propio Einstein, a menos de un mes de su muerte, en una carta dirigida al hijo y a la hermana de su gran amigo Michele Besso:[18] «Para gente como nosotros que cree-

---

18. Michele Besso falleció el 15 de marzo de 1955 en Ginebra, un día después del último cumpleaños de Einstein y apenas un mes y tres días antes de su muerte. Fueron compañeros en el Instituto Politécnico

mos en la física, la separación entre pasado, presente y futuro tiene solo la importancia de una ilusión ciertamente tenaz».

Cuando digo futuro

Si la flecha del tiempo no fuera solo el resultado de ordenar instantes en ayeres y mañanas, si estuviera fatalmente determinada por la tendencia al desorden, como sugieren con vehemencia numerosos pensadores del ámbito de la termodinámica, sería posible alimentar otra esperanza. Podríamos esforzarnos en revertirla, aunque sea parcialmente, invirtiendo grandes dosis de energía, como cuando ordenamos nuestra habitación o luchamos en otros frentes contra el inapelable deterioro. Y está bien hacerlo siempre que tengamos el recaudo de no invertir en ello nuestro bien más preciado, el tiempo que tenemos por delante. Perderlo en una denodada lucha por impedir su transcurso sería, además de paradójico, acaso la peor manera de invertirlo.

No podemos dejar pasar sin comentarios el carácter individualista de los sueños de conquista del futuro esbozados en los párrafos anteriores. El anhelo de viajar en el tiempo o de prolongar el futuro hasta la inmortalidad siempre es presentado como un afán personal, nunca colectivo. No me

---

de Zúrich y en la Oficina de Patentes de Berna. Einstein lo consideró toda su vida la «caja de resonancia» perfecta para poner a prueba sus ideas.

atrevo a decir que no sea un deseo legítimo. Lo que más me sorprende es que seamos capaces de supeditar a este la bastante más justificada necesidad de luchar contra el desorden y el deterioro de nuestro entorno y de la convivencia colectiva, una batalla que merecen y les debemos a nuestros hijos y nietos. En lugar de conquistar el futuro, quizá sea mejor idea labrarlo con esmero hasta convertirlo en porvenir.

El futuro no está allí, impertérrito, y nosotros viajando hacia él. Tampoco está en el cielo, ni siquiera al final de largos pasadizos ocultos detrás de horizontes de sucesos. En el cielo, ya se ha dicho, todo es pasado. Mirarlo es un ejercicio idéntico a recordar. Por eso es evocadora la imagen de una noche estrellada. El futuro es una permanente construcción del presente. Y viceversa. Lo escribió Omar Khayyam hace casi mil años en su poema filosófico *Rubaiyat*:

> El dedo en movimiento escribe; y, habiendo escrito,
> sigue adelante: ni toda tu piedad ni tu ingenio
> lo atraerá de nuevo para cancelar media línea,
> ni todas tus lágrimas enjuagan una palabra de ella.

El anhelo del porvenir será aquello que nos impulse hacia el mañana, que nos emplace a labrar nuestra propia flecha del tiempo, sobre todo cuando tengamos la valentía de pensarnos más allá de nuestro estrecho horizonte personal y nos atrevamos a mirar a los ojos a nuestros hijos para decirles, persuasiva y convincentemente: yo te convido a creerme cuando digo futuro.

12.
Antimateria a cara o cruz

No ha habido descubrimiento más sorprendente en la historia de la ciencia que el de la antimateria. No hicieron falta microscopios ni telescopios. No hubo que emprender audaces viajes de exploración ni pasar interminables horas en un laboratorio. Tampoco hubo que esperar grandes avances tecnológicos ni acometer una inversión millonaria y llena de riesgos. Todo aconteció de la manera más escrupulosamente lógica —a la vez que desquiciante e inesperada— en la cabeza del físico más grande que dio Inglaterra en el siglo xx: Paul Adrien Maurice Dirac.

En estas páginas repasaremos la cadena argumental que siguió Dirac hace casi un siglo, en ocasiones más apoyada en la estética que en la lógica. No privaremos al lector de ese fino goce. Pero, sobre todas las cosas, abordaremos una de las preguntas más acuciantes de la física contemporánea: ¿por qué el universo observable está hecho de materia y no de antimateria? ¿Por qué no contiene a ambas en partes iguales?

En los abismos del cielo nocturno no hay indicios de que haya antimateria en ninguna parte. No se trata de una ausencia local, en nuestro planeta o en nuestra galaxia. Parece ser una ausencia casi total y definitiva. Sin embargo, como veremos, a la luz de la teoría que describe las partículas elementales, materia y antimateria son intercambiables. Son, por así decirlo, dos caras de una misma moneda. Cuesta tanto engendrar a la una como a la otra, del mismo modo que no hay que hacer nada especial para que el resultado de una moneda al aire acabe siendo cara o cruz. La aparente ausencia de antimateria en el universo es tan inexplicable, anómala o absurda como un mundo en el que todas las monedas cayeran cara, pudiendo haber sido cruz.

¿Acaso ocurrió algo en la historia del universo que haya facilitado la extinción de la antimateria? ¿No podrá darse el caso de que vivamos en un gigantesco cúmulo de materia y de que, en lugares remotos del cosmos, esquivos o inaccesibles a nuestras observaciones, existan cúmulos similares de antimateria que restauren la esperada simetría entre ambas?

Tal vez estemos pecando de ingenuidad al dar por sentado que esta simetría deba ser exacta. Podríamos tener la expectativa, por ejemplo, de que hubiera tantas personas diestras como zurdas, y nos estaríamos equivocando categóricamente. También cabría esperar un mundo con tantos hombres como mujeres y, si bien en este caso las cifras se acercan mucho, tampoco se da así. ¿Será el desbalance entre materia y antimateria similar a alguno de estos dos casos? Para poder avizorar alguna respuesta a estos interrogantes, deberemos regresar al escenario en el que comenzó esta historia: los arrabales del átomo.

Electrón arrabalero

Alrededor del núcleo de todos los átomos viven los electrones. Livianos y escurridizos, son ellos los responsables de que aquellos no quieran vivir en soledad, de ahí que se asocien para formar moléculas —como la del agua, el dióxido de carbono o el ADN— o enormes complejos arquitectónicos como los cristales —un grano de sal, por ejemplo, o un diamante—. Son los electrones los intermediarios en estas sociedades microscópicas sin las cuales no existiría nada en el mundo material de dimensiones mayores que una mil millonésima de metro.

El electrón es una partícula fundamental. No está compuesta por nada. Es la unidad básica e indivisible de la carga eléctrica. Los electrones son todos idénticos. No de manera aproximada, sino rotunda y literal. No hay forma de distinguir a un electrón de cualquier otro. En el caso de un átomo, por ejemplo, no podemos hablar, estrictamente, del electrón de dicho átomo, sino de aquel que ocupa circunstancialmente ese sitio. Si fuera reemplazado por otro, nadie podría notarlo. Por eso, cuando se comparten en los enlaces atómicos que dan lugar a una molécula, lo hacen de la manera más desprendida concebible: dejan de pertenecer a cualquiera de los átomos para pasar a ser propiedad de la molécula.

Todos los electrones tienen exactamente la misma masa, idéntica carga eléctrica y una propiedad más, el espín, que puede pensarse, esquemáticamente, como la posibilidad intrínseca de girar sobre sí mismo. Esto lo puede hacer solo de dos maneras: en el sentido de las agujas del reloj, digamos, o en sentido contrario, pero siempre, inexorablemente, con la misma magnitud. Por ello, cuando hace un siglo se sentaron las bases de la física cuántica, un electrón debía ser representado mediante dos cantidades matemáticas distintas que dieran cuenta de cada uno de los dos valores posibles del espín. Erwin Schrödinger y, más tarde, Wolfgang Pauli describieron la dinámica de un electrón en los arrabales del átomo con enorme precisión.

Sus ecuaciones, sin embargo, no se ajustaban a los postulados de la teoría de la relatividad, necesaria para describir consistentemente objetos muy veloces. Y los electrones pueden llegar a serlo en sus excursiones alrededor del núcleo. Paul Dirac se preguntó cómo debía modificarlas para hacerlas compatibles con la teoría de Einstein. Usando el refinado paladar de su concepción estética de la física y argumentos puramente teóricos, matemáticos, en algún sentido poéticos, elaboró la ecuación que lleva su nombre en un artículo que, bajo el majestuoso título «La teoría cuántica del electrón», envió a publicar el 2 de enero de 1928. Tenía veinticinco años.

¿Verdad o belleza?

Si bien el trabajo fue recibido con entusiasmo, había un problema evidente que no se le escapó al autor: su ecuación contenía, irremediablemente, cuatro cantidades matemáticas independientes y no las dos necesarias para describir al electrón. Para otros científicos esto habría sido razón suficiente para desecharla, pero había cierta belleza matemática que a los ojos de Dirac era embriagadora y constituía una firme evidencia de que debía ser correcta. Observó que las dos cantidades extra parecían corresponder a un electrón de energía negativa, algo categóricamente inadmisible: si esto fuera posible, se podría obtener energía ilimitada a costa de que la de tan solo un electrón fuera cada vez más negativa, y se conservaría en el proceso la energía total. Un único electrón podría reemplazar a todas las centrales hidroeléctricas y nucleares del mundo. Una perspectiva fabulosa, tan seductora como imposible.

La ecuación arrojaba un resultado absurdo, pero el perfume de su elegancia matemática fue irresistible para su autor. Imaginó que, quizás, un electrón no podía tener energías negativas por la sencilla razón de que todos esos estados ya estaban ocupados por otros electrones. Pauli había descubierto poco antes su principio de exclusión —dos electrones no pueden estar en el mismo estado—, y Dirac lo invocó como una solución tan desesperada como ingeniosa: si los estados de energía negativa estaban ocupados, en la práctica era como si no existieran. Sostenía, en definitiva, algo insensato: que el vacío, la ausencia absoluta de materia, fuera como un teatro ilimitado, repleto de electrones ocupando las infinitas butacas de energía negativa, como un mar sin fondo. El mar de Dirac nos ofrece una extravagante noción de lo que es el vacío, con carga eléctrica y energía ¡infinitamente negativas!

Un físico convencional habría encallado ante este aparente dislate, pero Dirac supo ir un paso más allá. Se dio cuenta de que, si el vacío fuera ese teatro repleto de electrones de energía negativa, debería ser posible entregarle a cualquiera de ellos suficiente energía como para hacerla positiva, y dejar una butaca vacante. Esa butaca, reflexionó, tendría las propiedades de una partícula de carga positiva —atraería a electrones que podrían ocuparla— y se podría mover: los electrones del vacío podrían reubicarse, uno detrás de otro, en una sucesión que podría describirse como el movimiento simple de una butaca vacía. Así, concluyó Paul Dirac, el hueco vacante en el vacío sería, a todos los efectos prácticos, como una partícula idéntica al electrón, pero de carga positiva: el positrón.

El universo conocido no parecía albergar una partícula semejante. Werner Heisenberg llegó a referirse a este conjunto de ideas como «el capítulo más triste de la física moderna» en una carta a Niels Bohr. Pero Dirac se mostró seguro de que la naturaleza no dejaría pasar la oportunidad de ser gobernada por una ecuación tan hermosa. Y la espera no se prolongó demasiado. El 2 de agosto de 1932, el físico neoyorquino Carl Anderson observó la primera evidencia irrefutable de la existencia del positrón, el primer ejemplo conocido de antimateria.

Dirac afirmaba que, en sus esfuerzos por expresar las ecuaciones fundamentales de la física, uno «debe preocuparse principalmente de la belleza matemática». Y aunque los epistemólogos puedan encontrar esta frase escandalosa, lo cierto es que, antes de darse a conocer en un experimento, la antimateria vio la luz en un audaz y bello haiku urdido por el lirismo y el genio matemático de Paul Dirac.

La némesis de la materia

Con el tiempo se concluyó que todas las partículas tienen asociada una antipartícula. Por cada quark hay un antiquark. Por cada neutrino, un antineutrino. Y lejos de ser la compañera afable de una partícula, su media naranja, la antipartícula, es su némesis. Una forma sencilla de entenderlo es volver a la imagen que tenía Dirac.

Cuando una partícula se encuentra con una antipartícula, lo que está ocurriendo es que se ocupa la butaca vacía, se llena el hueco vacante, y desaparecen ambas de manera simultánea. Toda la energía que albergaba esta infausta pareja en su masa —recordemos la icónica fórmula de Einstein, $E = mc^2$— va a parar a dos partículas de luz cuya frecuencia está completamente determinada por la combinación de esta ecuación y la de Planck, $E = hf$. En el caso de electrones y positrones, por ejemplo, la frecuencia es altísima, 165.000

veces mayor que la de la luz violeta. Es un tipo de luz a la que se conoce como radiación gamma, más energética que la luz ultravioleta y los rayos X.

Nada impide, *a priori*, que puedan existir antiátomos. De hecho, fabricamos en los grandes colisionadores de partículas antihidrógeno y antihelio, las versiones de antimateria de los elementos forjados en los primeros minutos de la historia del universo. Y si las leyes de la física permitieron que estos dos átomos acabaran, tras un largo derrotero, engendrando toda la tabla periódica, el terreno está abonado para plantearnos seriamente la posibilidad de que haya antimoléculas, antiplanetas, antiestrellas o antigalaxias.

Teniendo en cuenta la explosividad del encuentro entre materia y antimateria, la descomunal frecuencia —y, por lo tanto, energía— de la luz liberada, su poco pacífica coexistencia difícilmente podría pasar desapercibida. Es cuestión de levantar la vista al cielo usando telescopios de radiación gamma. Esto es algo que hemos empezado a hacer en las últimas décadas, en parte gracias al mutuo espionaje entre los Estados Unidos y la Unión Soviética durante la llamada Guerra Fría. Vemos fuentes de radiación gamma en el cielo, pero normalmente se trata de ráfagas de décimas a decenas de segundos de duración. Y el tipo de radiación que esperaríamos en caso de tener antiestrellas o antigalaxias sería sostenida en el tiempo, por su fogosa interacción con la materia del medio interestelar e intergaláctico.

A menos que nos planteemos la posibilidad de que existan conglomerados enormes de antigalaxias, de modo que la radiación gamma solo provenga de la frontera entre estos y los cúmulos usuales de galaxias. En este hipotético caso podríamos imaginar un universo poblado con antimateria, pero reduciendo la zona de contacto con la materia al máximo. El hecho de que no hayamos observado esta radiación, en definitiva, nos indica que la separación entre estos cúmulos y anticúmulos, si es que estos últimos existieran, debería ser enorme. Y eso nos obligaría a entender la razón de ser de este inesperado y colosal destierro.

Tenemos fuertes evidencias de que el universo observable fue, hace casi 13.800 millones de años, muy pequeño y caliente, habitado por una sopa homogénea de todas las formas de energía existentes. Esto incluye, tras el hallazgo de Dirac, a la materia y a la antimateria. Y la ecuación de Dirac es democrática, no tiene favoritismos: no hay ninguna razón por la que deba inclinarse la balanza por una o por la otra.

Si la ausencia actual de antimateria se debiera a una oportuna separación de grumos de materia y antimateria en ese caldo primordial, esta tuvo que haber ocurrido antes de que el universo llegara a enfriarse hasta los 500.000 millones de grados. De otro modo, debido a la altísima densidad de aquella sopa, materia y antimateria se habrían aniquilado mutuamente y ninguna de las dos existiría en nuestros días. El punto clave está en comparar su tasa de aniquilación con la de la expansión del universo: si la primera fuera menor que la segunda, materia y antimateria dejarían de encontrarse, sencillamente, porque el universo crecería demasiado rápido para que pudieran hacerlo.

Un estudio detallado de la historia del universo temprano nos muestra que es imposible reconciliar el tamaño de aquellos grumos con las dimensiones de los supuestos cúmulos y anticúmulos que habría en la actualidad, si se insistiera en sostener su hipotética existencia. Los grumos tendrían que haber sido mil millones de veces mayores de lo que una evolución causal del universo permite. Y la causalidad es sagrada en el dominio de la ciencia. Sin ella se desmorona algo tan básico como la lógica cadena de las causas y de los efectos.

El efímero adiós

Solo nos queda una posibilidad: que la falta de antimateria del presente se deba a algo ocurrido antes de que se hubiera cumplido la primera billonésima de segundo después del Big Bang. Es allí cuando el universo alcanzó una temperatura de mil billones de grados y, por así decirlo, las cartas ya estaban echadas. Esto es lo que creemos que ocurrió, por un puñado de razones.

Hay un rasgo de nuestro universo que puede ser interpretado como una pista importante. Podemos contar de manera aproximada el número total de fotones —partículas de luz— que contiene. Para ello, por sorprendente que parezca, podemos prescindir de toda la luz que emiten las más de diez mil trillones de estrellas. Son muchas, sí, pero su luz es ínfima cuando se la compara con el llamado fondo cósmico de microondas —CMB, por sus siglas en inglés— que llena cada resquicio de la esfera de 46.500 millones de años luz de radio a la que llamamos universo observable.

También podemos deducir con bastante precisión el número de bariones —esquemáticamente, partículas de materia como los protones y neutrones— que pueblan los cielos a partir de un análisis detallado del CMB y de un minucioso catálogo galáctico, y se constata que por cada barión hay en el universo observable unos mil millones de fotones. Vivimos en un universo repleto de partículas de luz. ¿No vendrá tanta luz de la antigua aniquilación de la materia y la antimateria? Esta sugerente posibilidad nos invita a especular con que el desbalance entre ambas podría haber sido tan exiguo como una partícula de más por cada mil millones de pares partícula-antipartícula. Eso explicaría por qué toda la antimateria se extinguió, y dejó un universo de materia y luz en las proporciones adecuadas.

¿Qué pudo haber generado ese temprano y minúsculo desbalance entre la materia y la antimateria que condenara a esta última a una vida tan efímera? El gran físico ruso Andréi Sájarov, cuya cinematográfica vida lo llevó de ser el padre de la bomba de hidrógeno soviética a premio nobel de la paz en su carácter de «portavoz de la conciencia de la humanidad», demostró en 1967 que, si se daban tres condiciones muy concretas en la teoría de las partículas elementales, podría darse la *bariogénesis*, nombre que designa la creación de materia y antimateria en la justa desproporción que da cuenta de la actual ausencia de esta última. Si bien una presentación de estas tres condiciones excede el alcance de estas líneas, hay una de ellas que despierta especial interés en estos días.

El modelo estándar de la física de partículas predice que ciertas partículas inestables que se producen en los grandes colisionadores —y que estaban presentes en la sopa caliente del universo temprano—, cuya existencia es efímera, se desintegran de un modo ligeramente diferente a como lo hacen sus correspondientes antipartículas. El análisis de los datos observacionales, principalmente del experimento LHCb, instalado en el gran colisionador de hadrones, constata esta asimetría. Esto apunta en la dirección señalada por Sájarov.

El problema es que la predicción del modelo estándar y, de momento, los resultados experimentales son insuficientes para dar cuenta del desbalance necesario para que se produzca la bariogénesis. Así, todas las esperanzas están puestas en la pronta detección de desviaciones que apunten hacia una física diferente, más allá del modelo estándar, que deje en evidencia que el comportamiento de las partículas y antipartículas elementales a muy altas energías —es decir, en instantes aún más cercanos al Big Bang— pueda ser responsable del temprano desbalance que explique la ausencia actual de antimateria. A día de hoy, el enigma sigue sin resolverse.

Supimos de la existencia de la antimateria a partir de un conjunto de cálculos y argumentos lógicos que, tras un largo soliloquio, Paul Dirac desplegó en el papel. Conmueve la disparidad entre la magnitud del hallazgo y la economía de recursos empleados, tanto como estremece el contraste entre estos y la dimensión colosal del emprendimiento científico-tecnológico desplegado por la humanidad para tratar de explicar por qué, si existe, no vemos antimateria en nuestro entorno cotidiano ni en el espacio exterior.

Miles de personas dedican sus carreras científicas a intentar explicar la ausencia de lo que, por otra parte, siempre pareció ausente. Hasta que el gran poeta de la física, Paul Dirac, lo dedujo existente, y nos dejó inermes en nuestra contemplación del cielo, intentando entender por qué todas las monedas, aun pudiendo haber sido cara, cayeron cruz.

13.
Materia y lenguaje

A primera vista, nada tienen que ver la materia y el lenguaje. La materia se extiende en el espacio y está sujeta a cambios en el tiempo. Tiene una estructura interna, constituyentes fundamentales sujetos a leyes que dan cuenta de la manera en la que se ensamblan, y esa articulación se da a distintos niveles —los protones y neutrones, los núcleos, los átomos y las moléculas—. ¿Y el lenguaje? ¡También! Y si por un momento nos vemos tentados a creer que, de ellos, solo el lenguaje es esencialmente intangible, es cuestión de sumergirnos en la descripción de la materia que tenemos en la actualidad para llegar a la inquietante conclusión de que, en lo que a sus constituyentes básicos se refiere, estrictamente, ni la materia ni el lenguaje existen.

La materia incorpórea

¿Qué es la materia? A pesar de su inocente apariencia, la respuesta a este interrogante es más compleja de lo que cabría esperar. Al explorar el mundo que nos rodea, observamos que las cosas tienen distintas propiedades corpóreas. Algunas tienden a expandirse para ocupar todo el espacio disponible. Otras fluyen y se escurren entre nuestros dedos, mientras que también las hay rígidas, que conservan su forma o se fracturan. Con el tiempo aprendimos que estos son, sencillamente, distintos estados de agregación de la materia. Que los mismos ingredientes pueden dar lugar a cualquiera de estos comportamientos según las condiciones a las que se los someta, y que es posible pasar de unos a otros. Si lo único que diferencia al hielo del agua, o del vapor, son cambios en la temperatura y la presión, entonces tienen que estar hechos de lo mismo. Creemos así que, para comprender qué es la materia, el mejor camino es el de averiguar de qué está hecha. Hurgar en sus ingredientes básicos.

Así descubrimos que hay una unidad mínima de cualquier cosa a la que podamos llamar materia: las moléculas. Al estudiar sus propiedades, descubrimos los átomos. Su existencia fue conjeturada en la Antigüedad por Demócrito y Leucipo, pero esa es otra historia. Y cuando empezamos a estudiar estos ladrillos fundamentales de la materia, nos encontramos con una enorme sorpresa: si nos enfocamos en ellos, aparecen nuevas y desconcertantes leyes, las de la mecánica cuántica.

No existe, por ejemplo, el concepto de trayectoria. Un átomo que se mueve no lo hace como un proyectil, cuyo recorrido podemos trazar con una línea curva. Un átomo puede estar, en cierto sentido, en dos lugares al mismo tiem-

po. Y simultáneamente no estar en ninguno. Su corporei-
dad solo acontece en el momento en que se lo observa, o
cuando se agrupan en gran número —podemos entenderlo
si pensamos que para cada átomo el resto oficia de observador—. Los átomos, a su vez, están constituidos por protones, neutrones y electrones, también sujetos a estas leyes
singulares.

Hay otro aspecto de las partículas elementales que es tan
revelador como sorprendente: todas son iguales. Todos los
electrones son idénticos. No parecidos: absolutamente indistinguibles; sin defectos de fábrica. Esto es crucial para que
el universo sea tal como lo percibimos. Jorge Luis Borges
decía que todos los tigres son el mismo tigre. En el caso de
las partículas subatómicas, esto es literal. ¿Cómo es posible?

El andamiaje formal que lo explica se llama teoría cuántica de campos, y es interesante señalar algunos aspectos de la
noción de realidad a la que nos empuja. Un campo es una
especie de sustancia que permea la totalidad del espacio y lo
llena. No hay punto del espacio en el que no haya campo.
Un buen ejemplo es el del campo electromagnético, sobre
todo cuando se presenta en su forma más familiar: la luz.
Sabemos que, al encender una lámpara, esta impregna la totalidad del espacio circundante, y se propaga a enorme velocidad. Pero no porque no hubiera ya campo electromagnético allí. Lo había, pero en alguna variante que nuestros ojos
no pueden ver (luz infrarroja, las microondas del fondo cósmico o, como mínimo, aquella forma a la que llamamos vacío). El encendido de la lámpara se asemeja a una sustancia

derramada sobre ella misma, como el oleaje en el mar o el viento en la atmósfera.

La teoría cuántica de campos responde a la imposibilidad de distinguir las partículas entre sí de una manera sorprendente y, al mismo tiempo, sencilla: existen entes únicos como el *campo del electrón*, y los electrones son sus «excitaciones», como un fuego encendido en el que se producen aquí y allá pequeñas chispas. O un océano en el que emergen, en cualquier localización de su vasta inmensidad, pequeñas olas. Las chispas son iguales entre sí porque el fuego es el mismo. En esta forma de entender el universo material todo lo que tenemos son unos pocos campos cuánticos que impregnan el espacio, y las partículas son sus chisporroteos. Si nos detenemos un segundo, parece imposible que esto sea cierto: ¿cómo puede ser que de una realidad microscópica tan etérea y, en cierto sentido, inmaterial emerja el mundo contante y sonante que nos rodea?

A escalas atómicas, la materia pierde consistencia, identidad y hasta, en cierto sentido, realidad física. Todos los electrones, ya lo dijimos, son iguales. No es posible etiquetarlos. No es posible, por ejemplo, hacer dos veces un experimento con el mismo electrón. Es una variante sorprendente de la máxima de Heráclito. No es que no lo podamos hacer porque el electrón, como el río, cambie. Por el contrario, el electrón es idéntico a sí mismo, pero lo que no hay es manera de poder afirmar fehacientemente que sea el mismo. Al aumentar la escala, sin embargo, esta posibilidad emerge. Se puede volver a lanzar la misma piedra —incluso tropezar con ella— tantas veces como uno quiera. Así como Alonso Quijano o Hércules Poirot pueden aparecer en dos (¡o más!) obras literarias, la preposición *de,* aunque se repita, nunca será exactamente la misma.

El lenguaje insustancial

Si leemos *Cien años de soledad,* podremos disfrutar de la fluidez de su prosa y repetir en nuestra cabeza: «Muchos años después, frente al pelotón de fusilamiento, el coronel Aureliano Buendía había de recordar aquella tarde remota en que su padre lo llevó a conocer el hielo», diciéndonos que no puede haber mejor comienzo. Sin embargo, si nos enfocamos en una palabra concreta, digamos *hielo,* y empezamos a leer la frase enfatizándola y repitiéndola, «hielo, hielo, hielo...», va a llegar un momento en que nos resulte insustancial, quizás innecesaria. Es una de las veintiocho palabras de esa oración, pero, por sí sola, no tiene ninguna de las cualidades del texto, ni siquiera en una veintiochoava parte. Y si luego nos concentramos en una letra en particular, digamos la *l,* y la leemos en voz alta, alargándola, dejando la lengua pegada al paladar, ya no nos parecerá posible que de ese torpe gesto prolongado, de ese sonido, pueda emerger uno de los mejores pasajes literarios, quizás el mejor comienzo de la historia de la novela.

O pensemos en la *Sonata del claro de Luna,* una obra conmovedora. Ahora tomemos una nota cualquiera con el supuesto interés de analizarla y empecemos a tocarla sin cesar. En ese sonido vulgar y reiterativo no podremos reconocer ni siquiera una fracción menor de las cualidades que encontramos en la pieza completa. Esto nos alerta de inmediato contra la visión reduccionista que sugiere que el todo es la suma de sus partes. El Quijote es algo más que medio kilo de papel convenientemente mezclado con unos gramos de tinta, aunque en definitiva, físicamente, no sea más que eso. Y lo que es no puede extrapolarse a partir del contenido material de la tinta y del papel, ni siquiera del valor literario de ninguno de sus caracteres, ni de sus palabras. No puede discernirse la obra a partir de ningún subconjunto de sus partes. El colectivo de letras y espacios en blanco es la unidad indivisible y debe ser considerado en su totalidad.

En el universo material ocurre algo parecido: cuanto más de cerca lo contemplemos, más difuso resultará. El principio de incertidumbre de Heisenberg emborrona los detalles microscópicos, produce una suerte de pixelado que pone un límite a la resolución con la que podemos verlo. Quizá sea la manera en la que la naturaleza nos recuerda que sus secretos no solo se encuentran en sus constituyentes básicos, sino en detalles sutiles de sus bellísimos arreglos corales.

La materia, como el texto, es un tejido. Su consistencia física, su materialidad, es ilusoria. No está en la individualidad de sus constituyentes. Requiere de la multitud. Experimentamos que la materia es impenetrable, por ejemplo, a pesar de que los átomos están separados a distancias comparativamente enormes. Del mismo modo en que no hay aplauso con una sola mano, tampoco existen las características macroscópicas de la materia si el número de constituyentes no es lo suficientemente grande. El foco desenfoca.

Algo semejante, como vimos, ocurre en la literatura y en la música. Una molécula de agua puede ser parte de una minúscula gota congelada bajo la superficie de Marte o de la lágrima que se deslizó sobre las mejillas de Beethoven al componer la *Sonata del claro de Luna*. Del mismo modo, la preposición *de* puede ser parte de algún dequeísmo indecoroso o dar inicio a «de cuyo nombre no quiero acordarme» y ser parte de una obra mayor de la literatura. La molécula de agua dista del mar turbulento tanto como un pronombre de una novela o una corchea solitaria de una gran sinfonía.

¿Es la materia inexorable? ¿Lo es un texto? En *Pierre Menard, autor del Quijote*, Borges jugó con esta idea. Si se pudieran reproducir las condiciones en las que un texto se gestó, con precisión infinita, debería ser posible volver a escribirlo. Esta hipótesis audaz no es cierta en el caso de la materia: sabemos que el caos y las leyes de la mecánica cuántica sazonan la dinámica de los sistemas físicos lo suficiente como para boicotear la predictibilidad perfecta. No existe la precisión infinita. Tampoco son inexorables ni la materia ni el lenguaje en otro sentido: con los mismos constituyentes fundamentales y las mismas reglas, son posibles los gases y los poemas, los sólidos y las novelas, los líquidos y los cuentos, los plasmas y los ensayos.

Materia y lenguaje: diversidad

Un paralelismo sencillo nos diría que la letra es el átomo, y la palabra, la molécula. Hay átomos que son moléculas, como los gases nobles, y hay cinco letras que son palabras. Los átomos son un conjunto finito, como las letras. Para más confusión, acostumbramos a representarlos mediante sus símbolos químicos, que suelen ser una o dos letras. Así, una molécula es una palabra de manera casi literal, como $NaCl$, $LiOH$ y CO, aunque a veces sea impronunciable como HCl. Y así como las reglas ortográficas impiden ciertos apareamientos, las leyes de los orbitales atómicos hacen lo propio en el universo material.

Es posible generar nuevos átomos en el laboratorio. ¿Podríamos pensar de igual modo en un lenguaje vivo en el que se cree artificialmente una nueva letra con un nuevo fonema para enriquecerlo? Es interesante pensarlo en el sentido de la borgeana Biblioteca de Babel. El diccionario de la Real Academia Española consigna unas cien mil palabras, aunque se estima que el corpus lingüístico acumulado en lengua castellana a lo largo de la historia rondaría los millones. En un lenguaje que no cesa de crecer, podría convertirse en una necesidad la invención de una letra y un fonema. Por supuesto, es más fácil la emergencia de neologismos que la de nuevas letras, tanto como lo es la aparición de nuevas moléculas frente a la creación en un laboratorio de nuevos núcleos atómicos que acaban por resultar efímeros.

Con la materia a veces ocurre que un par de átomos distintos, en una estructura, trastocan las propiedades químicas. El monóxido de carbono es muy tóxico, por ejemplo. El dióxido de carbono, no. ¿Qué pasa si comparamos «Puedo escribir los versos más tristes esta noche» con «Pude escribir los versos más tristes esa noche»? El cambio es menor, un par de átomos distintos, aunque el sentido se trastoca enormemente. «Pude escribir», pero quizá no lo hice. «Puedo escribir», y lo hago. «La noche está estrellada» es una realidad con el «Puedo» y un recurso literario que no tiene ni siquiera que constituir un recuerdo fiel con el «Pude».

El lenguaje es redundante en cuanto a sus constituyentes básicos. El castellano, por ejemplo, no parece necesitar la distinción entre las letras *c, s* y *z*, ni *c, k* y *q*. ¿Para qué ponemos la *u* detrás de la *q*? ¿Para qué la *h*? Gabriel García Márquez ya elevó su autorizada voz sobre este tema y propuso la abolición de la *h* muda. También los átomos se presentan en la naturaleza con diversos isótopos. No hay un solo hidrógeno. Tenemos el deuterio, igualmente estable; el tritio, con una vida media de más de doce años, y al menos cuatro isótopos más, efímeros todos ellos. Químicamente indistinguibles, son variantes del hidrógeno, imprescindibles para que el universo sea el que es. Sin el deuterio no existiría el helio y, sin este, no habría tabla periódica. No existirían ni el Sol ni la vida.

Acaso sea esta la razón de ser de las redundancias en el lenguaje: proporcionar una maleabilidad que le permita mutar, desintegrarse y radiar; en definitiva, evolucionar y diversificarse, para dar lugar a nuevas lenguas. A pesar del relato bíblico de la torre de Babel, que la presenta como un castigo, tenemos razones para sospechar que, muy al contrario, la multiplicidad de lenguas es una bendición: el abanico de ideas que podemos concebir es así más amplio. Se ha ensanchado el conjunto de aquello que podemos nombrar y los matices con los que lo hacemos. En definitiva, nuestra cultura es más compleja y robusta como fruto de nuestra poliglotía.

Los paraísos artificiales

Podemos ensamblar lo que la naturaleza no ensambla. Un buen ejemplo de ello son los cuasicristales, nacidos una mañana en la que al israelí Dan Shechtman se le ocurrió enfriar rápidamente una aleación de manganeso y aluminio. Los átomos no tuvieron tiempo de encontrar ninguna de las posiciones de equilibrio conocidas hasta entonces, y es que nunca antes se los había zarandeado de esa frenética manera. Ni en un laboratorio ni en el mundo natural.

Lo mismo ocurrió en el universo poético cuando Tristán Tzara, el padre del dadaísmo, recortó un popurrí de textos, introdujo los fragmentos en una bolsa de tela y estableció una nueva ley para hilvanarlos: el azar. Palabras que jamás habían estado juntas en texto alguno, perfectas desconocidas, se encontraron allí por primera y quizás última vez. El albur como coautor. ¿O acaso como autor a secas?

Los surrealistas fueron un paso más allá, fecundando sus textos con neologismos, palabras inexistentes. Tal como levantamos estructuras con materiales también inexistentes como el acero. Tomamos del mundo natural el hierro y le añadimos una pizca de carbono, el suficiente como para mejorar sus propiedades mecánicas, su dureza o la resistencia a la corrosión. A veces mezclamos cobre con zinc para hacer latón, pero, si nos da por el bronce, entonces la aleación se hace con estaño. Aderezamos la materia para conseguir otras funcionalidades, otros brillos, otras expresividades.

En la industria del lenguaje, a veces se pretende dotar de mayor belleza a una palabra, experimentar con un cambio radical de su sintaxis y su fonología, explorar los límites de su elocuencia, de su precisión o de su ambigüedad. Quizás esté dirigida a un lector cuyas emociones deban encenderse, cuyo raciocinio deba ser alcanzado, cuyo intelecto deba ser sacudido. Y así como el acero mejora al hierro, según para qué fines, los surrealistas hallaron que la escritura automática o los cadáveres exquisitos mejoraban la poética tradicional o, cuando menos, le conferían una dimensión inexplorada.

El neologismo es capaz de nombrar lo que aún no existe. De aunar sonido con sentido. De delinear la silueta de algo que quizá no sea más que silueta. Son artefactos lingüísticos que abren caminos estéticos y filosóficos, encarnando la actitud revolucionaria del movimiento. Un ejemplo extraordinario es la cúspide de la negación alcanzada por Oliverio Girondo en el poema «El puro no» de *En la masmédula*, su último libro:

El puro no
el no
el no inóvulo
el no nonato
el noo
el no poslodocosmos de impuros ceros noes que
[noan noan noan
y nooan
y plurimono noan al morbo amorfo noo
no démono
no deo
sin son sin sexo ni órbita
el yerto inóseo noo en unisolo amódulo
sin poros ya sin nódulo
ni yo ni fosa ni hoyo
el macro no ni polvo
el no más nada todo
el puro no
sin no

Lo inexistente, la nada, el final de la existencia, expresados con densidad angustiante y taciturna crudeza.

Un lenguaje al filo de lo onírico también fue necesario para describir el vacío cuántico del mundo material. Lo inexistente puebla ese vacío, con la austera materialidad de su ausencia. Reducimos entropía al agregar la materia, sean los patrones elegidos artificiales o naturales, como lo hace el escritor al combinar palabras. El acto de escribir es una insurrección contra el olvido al que nos condena el segundo principio de la termodinámica. Los textos de Borges, Dante o Cervantes se recuerdan gracias a las ingentes cantidades de escritos que se olvidan. Es ese olvido el que los resguarda.

La materia nació en el Big Bang. ¿Y el lenguaje? La primera tentación es decir que no, que su nacimiento debió esperar a que en un pequeño planeta de una galaxia espiral, tras un prolongado proceso evolutivo, apareciera una especie con la extraña capacidad de producirlo. Pero al hacerlo y detenerse a estudiar los secretos del cielo nocturno, esta especie pudo imponerle al Big Bang sus condiciones, un puñado de leyes escritas con caracteres matemáticos, elaborando una precisa narrativa de lo acontecido en aquel albor. La inteligibilidad de ese inicio, aunque luego necesitara de miles de millones de años para articularse verbalmente, revela una de dos posibilidades.

Puede que la bóveda celeste no sea más que la frontera en la que se encuentran la materia y el lenguaje. Una nacida en el Big Bang que habita el fondo de los cielos. Otro nacido en el cerebro de una especie curiosa que levanta la vista al firmamento desde el presente. Como dos extraños que cruzan sus miradas en un bar de carretera antes de proseguir su camino. La lectura del cielo sería posible, entonces, gracias al frágil milagro de ese encuentro furtivo entre la mirada y el lejano fulgor de la fragua en la que se forjó la materia.

Se antoja más sugerente una alternativa. Que ese parto sin partera al que llamamos Big Bang haya alumbrado mellizos, la materia y el lenguaje, y que esa sea la razón definitiva de su extraño parecido. Y así como fue necesario que el universo se enfriara para que la materia pudiera agregarse en estructuras más complejas, también el lenguaje precisó un clima más propicio para medrar desde el caldo primigenio de fonemas y monosílabos. La nucleosíntesis y la filogénesis del lenguaje, aunque demandaran plazos muy diferentes, probablemente sean dos caras de la misma moneda. Quizás no sea posible un mundo material sin narrativa ni un texto sin soporte físico.

La respuesta a esta disyuntiva, si es que existe, si es que es una, seguramente se esconda en alguna de las tantas —acaso innumerables— maneras de mirar el cielo.

Su opinión es importante.
En futuras ediciones, estaremos encantados
de recoger sus comentarios sobre este libro.

Por favor, háganoslos llegar a través de nuestra web:

www.plataformaeditorial.com

Para adquirir nuestros títulos,
consulte con su librero habitual.

«I cannot live without books».
«No puedo vivir sin libros».
THOMAS JEFFERSON

Desde 2013, Plataforma Editorial planta un árbol
por cada título publicado.